核与辐射安全科普系列丛书之十六

身边的核技术

生态环境部核与辐射安全中心　编著

中国原子能出版社

图书在版编目（CIP）数据

身边的核技术 / 生态环境部核与辐射安全中心编著 .
— 北京 : 中国原子能出版社， 2019.12（2024.8重印）
ISBN 978-7-5221-0338-9

Ⅰ. ①身… Ⅱ. ①生… Ⅲ. ①核技术 – 普及读物
Ⅳ. ① TL-49

中国版本图书馆 CIP 数据核字 (2019) 第 299284 号

身边的核技术（核与辐射安全科普系列丛书）

出版发行　中国原子能出版社（北京市海淀区阜成路 43 号　100048）
策划编辑　付　凯
责任编辑　付　凯
装帧设计　井晓明　赵　杰
责任校对　冯莲凤
责任印刷　赵　明
印　　刷　中煤（北京）印务有限公司
经　　销　全国新华书店
开　　本　710 mm × 1000 mm　1/16
印　　张　9.5
字　　数　187 千字
版　　次　2019 年 12 月第 1 版　2024年8月第2次印刷
书　　号　ISBN 978-7-5221-0338-9　　　　　定　价　50.00 元

订购电话：010-88828678　

《核与辐射安全科普系列丛书》编委会

《身边的核技术》编写人员

主　编

宋培峰

编写人员

宋培峰　常　梦　王彩环　许少峰　刘瑞桓　赵翰青　王晓峰

总 序

日本福岛核事故后，核电的安全性再一次在全球范围内引起广泛关注，但大多数公众对核能的认知还是停留在事故和灾难的阴影中。核电的社会接受度问题成为核能发展的重要瓶颈。就我国而言，还存在着公众对核与辐射知识匮乏，科普工作较为滞后，公众参与程度较低，信息公开透明程度不够，有效的信息反馈机制缺失等问题。因此，创新和完善核与辐射安全科普宣传体系和手段，提升核与辐射安全科普宣传实效，是提升国民科学素养，营造核电良好外部发展环境，提高公众对核电发展的接受度的有效途径，对促进核电事业安全高效发展具有重要意义。

为普及核与辐射安全知识，增强科普培训的针对性和有效性，国家核安全局核设施安全监管司委托环境保护部核与辐射安全中心制作针对不同对象的包括多媒体演示课件和配套文字资料的科普培训系列材料。经项目组多次讨论研究，目前该系列材料分为核能、核电、核燃料循环辐射环境影响和管理、核燃料循环、辐射防护、核技术利用、电磁辐射、核与辐射安全监管和核与辐射应急等多个角度，后续将根据需求进行续编。

本培训材料编写的目的，首先是让普通公众喜爱看，然后是看得懂，最后达到信任的目的，这是编写过程中一以贯之的理念。为保证科学性（写准），实用性（针对性），趣味性（喜闻乐见），编写过程中力求通过“三化”，即“专业化、通俗化、图示化”来实现上述“三性”。此外还要注意处理好专业与通俗，全面与片面，严肃与活泼，风险与利益，编写人的认知与公众的认知的平衡；同时结合时事热点，收集网络上错误的观点，通过反面问题来说明；尝试在编写中体现艺术感，具有一定的审美意识，表达核安全文化的人文关怀，这是更高一层的要求。

核能发展，科普先行，只有让更多的人走近核能、了解核能、信任核能——这一高效、清洁的非碳能源，核能才能实现高效安全的健康发展。

由于时间仓促，加之编写组实践经验和认识水平有限，难免有错误或不当之处，衷心盼望有关专家和广大读者不吝赐教，提出宝贵意见，以便改正。

《核与辐射安全科普系列丛书》编委会

2015年12月10日

序　一

随着文明的发展，人类在环境和能源问题上面临重大挑战，寻求清洁、高效、可靠的新能源势在必行。2015年联合国发展峰会上，中国发出了“探讨构建全球能源互联网，推动以清洁和绿色方式满足全球电力需求”的倡议，阐明了中国发展清洁能源的立场。为应对能源形势的新挑战，我国“十三五”规划中将能源结构调整作为下一阶段发展的主要着力点。积极推进能源供给侧改革，必须倚重清洁能源技术。核电作为清洁能源中一种成熟的基础能源，在改革进程中必将发挥重要作用。

积极推进核电建设不仅是我国重要的能源战略，也是国家“一带一路”和“走出去”战略的客观需求。近年来，我国风电、水电、太阳能等清洁能源和可再生能源获得突飞猛进的发展，但核电装机总量却仍处于低位。目前我国在运核电装机容量仅占电力总装机容量的2%左右，而一些发达国家则远高于此。如核电占比世界第一的法国，其核电装机容量占比高达77.7%，韩国为34.6%，俄罗斯为18%，美国将近20%。即便顺利实现规划目标——到2020年，我国在运在建核电总装机容量达到8 800万千瓦，其在我国能源总规模中占比仍然不大。为此，必须积极推进核电的安全高效发展。

我国运行核电机组安全业绩良好，迄今未发生国际核事件分级（INES）2级及其以上的运行事件，运行指标普遍处于世界核电运营者协会（WANO）中值以上，核设施周边环境辐射水平处于正常范围，核电厂的核辐射安全都处于受控状态。即便如此，仍然有许多公众对核与辐射安全不够了解，甚至存有误解。自日本福岛事故以来，人们似乎谈“核”色变，一方面斥责火电高能耗、高污染，一方面对核电的安全性存在顾虑。与此同时，国家对维护公众在重大项目中的知情权、参与权和监督权也愈加重视，公众意见已成为核能及相关项目能否落地的决定性因素之一。多方因素表明，核与辐射安全相关的科普宣传及与公众的沟通亟待加强。

《核与辐射安全科普系列丛书》首次从监管的视角，立足于核与辐射安全，从多个角度较为系统、全面地介绍了核能利用及其监管、核与辐射安全相关知识。系列丛书分为核能、核电、核燃料循环辐射环境影响和管理、核燃料循环、辐射防护、核技术利用、电磁辐射、核与辐射安全监管以及核与辐射应急等多个角度，丛书坚持以科学性为本，兼顾趣味性和通俗性，图文并茂，深入浅出。语言、示例贴近生活，形象又不失准确；数据、结论来源权威，审慎且不失活泼。为大家了解核能、核技术及核与辐射安全提供了一套较为容易“读懂”的读物。

写一套好的科普读物并非易事，好的科普书在于唤起公众的兴趣、提升人文情怀和传播正能量，相信这套丛书将把核电的安全和环保介绍给公众，更促进我国核电的安全高效发展。同时希望读者多提宝贵意见和建议，以便及时修订完善。最后，衷心感谢编者们为我国核能利用发展、公众沟通和环境保护所做的努力和贡献。

序　二

正处在工业化、城镇化发展阶段的中国，在追求经济发展同时也肩负生态文明建设的艰巨任务，可靠、稳定、安全、清洁、低碳的电力供应是国家经济发展和生活稳定的必要条件。面对环境治理和气候变化的挑战，安全、高效地发展核电是中国走向能源清洁化、低碳化的重要选择。核能利用，是一种大规模产生能源的方式，神奇但是并不神秘，如果管理得当，它将为我们带来巨大的社会效益。然而，就在我国意在大力发展核电的同时，却遭遇到了重重阻力。2016年4月1日，习近平在第四届华盛顿核安全峰会上的讲话中说，“学术界和公众树立核安全意识同样重要。我们还要做好核安全知识普及，增进公众对核安全的理解和重视。”国家核安全局局长李干杰曾指出，目前核电发展面临的最大的问题、最大的约束和瓶颈，不是技术问题，而是公众沟通、公众可接受度的问题。

公众对核与辐射安全的接受度与其对核与辐射安全的认知、态度、行为有着极其重要的关系。改变及提升公众的认知、态度、行为，必须开展行之有效的公众沟通工作，而科普宣传则是公众沟通工作中重要的一环。核与辐射事件和事故作为当前重要的突发环境事件，如果处置不当，就可能引发远超事故本身影响范围的社会公共事件，科普宣传开展的好坏直接影响涉及或参与事件人的反应，成为影响事件应对好坏的关键所在。比如2009年河南杞县的卡源事件最终演变为大规模的公众恐慌事件，究其主要原因是公众对放射源知识的缺乏。我国虽然很早就开展了核能和核技术开发利用工作，但长期以来对核与辐射安全文化的宣传和培育不足，大多数人的核与辐射知识十分匮乏，加上一些不恰当的宣传和误导，给核科学技术蒙上了一层神秘的面纱，公众对于核与辐射极度敏感，谈核色变。

《核与辐射安全科普系列丛书》从核能、核电、核燃料循环辐射环境影响和管理、核燃料循环、辐射防护、核技术利用、电磁辐射、核与辐射安全监管以及核与辐射应急等多个角度，用尽可能通俗易懂的语言全面、系统地将核能与核技术利用的方方面面进行了讲解。

当然，由于在专业性和通俗性的统一上，存在一定的难度，该系列丛书难免会有一些瑕疵和不足，但是编者们在核与辐射安全知识科普工作中表现出的社会责任感和探索精神值得尊崇。且这类科普读物正是目前我国核电发展和社会公众所急需的，希望大家通过阅读这套丛书，既能认识到核能和核技术造福人类的巨大价值，同时也能正确理解核与辐射对环境和人类的影响及其潜在危害性，增强理性应对涉核事件事故的能力，促进核能与核技术更好地造福于人类。

潘自强

前　言

核能作为世界三大能源支柱之一，具有清洁、安全、高效等特点，核电对世界能源供给做出了巨大贡献，发展核能成为世界先进国家的重要战略选择。

核能健康安全发展离不开安全，安全是人类永恒的命题，核安全也是核能行业永恒的生命线。由于核安全的极端重要性，核行业工作者从严格选址、采用先进技术路线、运用高效管理体系等多方面保障核安全。并施行核安全监管从“摇篮到坟墓”的许可证管理制度，全过程实施严格监管，确保不放过任何安全隐患。然而，任何确保安全的环节都离不开人的参与，人既是安全工作的主导也是核心。从某种意义上来说，核电厂发生的任何问题都来源于人因失误。

国际原子能机构（IAEA）在切尔诺贝利核事故审查过程中，从事故的人因差错方面认识到，安全生产尤其是人员的安全素质对核安全至关重要。国际核安全咨询组在INSAG-1“关于切尔诺贝利核电厂事故后审评会议的总结报告”中首次使用“安全文化”一词，正式将“安全文化”概念引入核安全领域。核安全文化是一种特殊的文化范畴，是所有与安全相关特性的归类总和，是文化在核行业的集中体现。国际原子能机构将核安全文化与质量保证和经验反馈并列为保证核安全的三个基本要素。核安全文化也因此成为核行业工作者标识，形成了核行业特有的注重安全氛围。

本书共分为七章。第一章介绍了核安全文化含义及其发展源起；第二章介绍了中国探索培育核安全文化的历程；第三章详细介绍了核安全文化的具体表现形式；第四章讲述了核安全精神在核安全文化中的体现；第五章通过不同角度、不同类型的案例，阐释核安全文化的具体体现；第六章介绍了核安全文化评估的定义及其主要方法；第七章通过将核安全文化与公众日常生活相联系，引导读者更加深刻理解核安全文化。

目　录

第一章 四维时空与辐射

第一节　辐射浅谈

提到辐射，大家可能立刻感到有些紧张，因为觉得辐射可能对身体有危害。关于辐射是什么以及我们怎么看待辐射，本文作一浅谈。

开始之前，我们先了解一下我们的先人对辐射二字的定义，有助于我们对辐射的理解。

“辐”字在字典里，辐fú形声，从车，畐（fú）声；本义：辐条，插入轮毂以支撑轮圈的细条，见图1－1。书法中“辐”字有多种形式，如图1－2。“射”字，音shè，含义弓弩发于身而中于远也，甲骨文中“射”字，见图1－3。

“辐射”二字组合在一起来表述“射线”，以波或粒子的形式发射辐射能的过程。这确实比较形象，如图1－1中，从“轴”发（射）出的辐条。

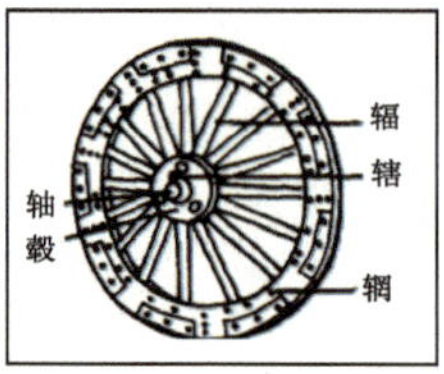

图1-1　幅条

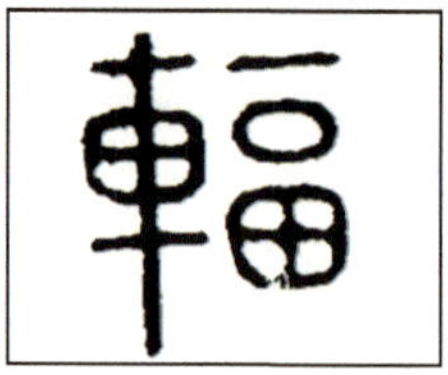
图1-2　幅字书法

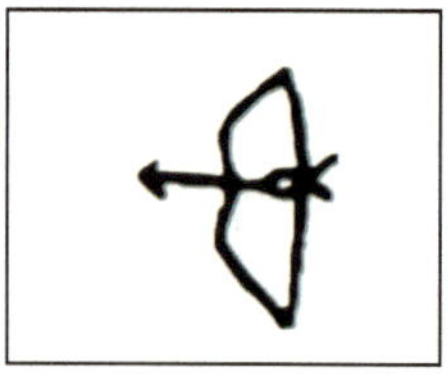
图1-3　甲骨文射字

先人的智慧不得不让人佩服。我国传统文化博大精深，值得我们好好学习和传承。

下面再回到让大家紧张的辐射。从威力强大的原子弹，到造福万家的核能发电，从X光诊断，到辐射育种、工业探伤，“辐射”的概念早已深入人们的生活。随着人们对辐射的认识不断加深，辐射和辐射技术的安全性也越来越引起人们的关注——我们的日常生活中是否存在辐射？为我们的生活带来如此便利的辐射技术，究竟会不会给我们带来健康上的危害？

什么是“辐射”？

我们天天和辐射打交道，只是我们自己并不一定意识到。太阳光、紫外线、热、声、电磁波，这些都是辐射。辐射的形式多种多样，人们为了更好地区分辐射对生物的影响，依据辐射能量的高低将辐射分为两类：非电离辐射和电离辐射。

非电离辐射是辐射中能量较低的那一部分。一般来说，由于能量较低，被辐射物体不会产生电离作用。不会对被辐射的物体的原子结构造成严重的损害。因此非电离辐射对人体的危害往往较低。

电离辐射是指携带较高能量的辐射（波长小于100 nm），其携带的能量足以引发电离现象，使得被照射原子或分子的结构发生改变。因此电离辐射可能会对生物的健康造成比较大的损害。常见的电离辐射有X

光、γ射线等。

在生活中，我们最常接触到的是非电离辐射，也就是我们常说的电磁辐射，而电离辐射则接触较少。

常用电子设备对人体有害吗?

——生活中的非电离辐射

非电离辐射（电磁辐射）对我们的健康有害吗？这是大家普遍关心的问题。在20世纪初期，由于电灯和电话的广泛推广与应用，大家就曾担心家中的电线及电话线会带来电磁场影响健康，也是从那时起，生活中电磁场潜在的健康影响就开始受到了科学界的关注。

非电离辐射在生活中无处不在，相对于电离辐射来讲，电磁辐射对人体的影响要小得多，也安全得多。对于我们大家时常担心的手机通信基站、高压线和变电器等产生电磁辐射的公共设施，以及手机、电视机、显示器、无线局域网（Wi-Fi）、节能灯、微波炉、电吹风等常见的家电，世界卫生组织（WHO）和我国的监管部门均进行过深入的调查研究，并发布多份报告，目前来看，没有任何一项研究结果证明这些设备的正常使用会对人的健康带来不良影响。大家在使用正规厂家的手机、电磁炉、微波炉、电脑液晶显示器的时候完全不必担心。

电离辐射对人体造成哪些影响?

电离辐射由于会引起原子或分子发生电离效应，直接破坏了被辐射物体的物质结构，对人体的损害有着质的不同。电离辐射被人体吸收的部位会发生一定的变化。如果人体的器官组织因此受到损伤，会表现出各种“症状”，这些症状，术语上叫做“生物效应”。表1－1给出了急性单次照射下确定相应的阈值和常年接触照射下确定相应的阈值，供大家了解。

表1-1　不同器官在不同照射下确定性效应的阈值

组织	累积阈值（年剂量/mSv）	单次阈值（单次剂量/mSv）	效应
眼	5000	500～2000	晶体混浊
眼	8000	5000	发生白内障
睾丸	400	150	暂时不育
睾丸	2000	3500～6000	永久不育
卵巢	6000	2500～6000	不孕
骨髓	400	500	造血功能低下

流行病学统计研究表明：当人体一次接受急性照射辐射剂量低于100 mSv时，医学上观察不到对人体的确定性效应，即明显的组织损伤。

生活中我们会接触到电离辐射吗？

辐射无处不在，只要我们在地球上生活，我们就无时无刻不受到来自自然界中存在的和来自宇宙的电离辐射的照射。不仅如此，因为构成人体的物质都来自大自然，我们每个人的体内也都存在“自带”放射性的物质。

据统计，只要生活在中国，我们每个人每年都不可避免地受到约3.1 mSv剂量的电离辐射照射。这部分电离辐射，被称为“天然照射”。

对于这一部分辐射照射，我们无须过于担心。我们人类生在地球，长在地球，早已经适应了这种微量辐射环境。

除了天然照射，我们在生活中还偶尔会接触到一些因为人为活动而产生的电离辐射。如放射性检查或治疗的医疗设备、安检使用的X射线机等。在使用这些人工设备的同时，也会受到额外的电离辐射。这些设备对人体又会造成哪些影响呢？

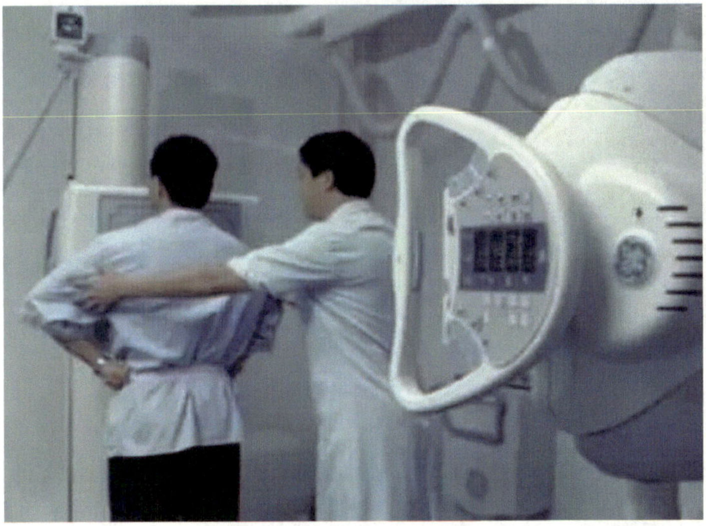

图1-4 拍摄X光片

一般来说，只要是较为成熟的技术，其安全性都经过人们反复的论证与实践检验。拿拍摄胸片的X光机来说，如果操作正确，其拍摄一次所产生的剂量仅为0.02 mSv，约为本底照射年剂量的百分之一，相对受到的天然照射都是一个很小的份额。由于宇宙射线的存在，一次10小时的飞机旅行也会造成约0.03 mSv的剂量，这都远远低于对人体产生不良影响的剂量。对于我们常见的拍X光片类似的医疗检查，只要正当使用，遵循医嘱，并不会对我们的健康带来不可接受的风险。

但是这并不代表我们可以忽视对电离辐射的自我保护。生活中，我们还是应尽量减少受到电离辐射照射的时间。譬如人们在乘坐交通工具时，有时因为着急，会将手伸入安检仪的幕帘内拿取物品，殊不知，安检机其实是一台小型X光机，掀帘取物的行为极有可能使人受到不必要的辐射照射。

图1-5　安检机

又如，我们平时家装所使用的花岗岩、陶瓷等材料也可能会包含有一定的放射性物质。但装修时，注意使用合乎国家规范的合格建材，就能避免辐射对我们的不良影响。

参考文献

[1] 百度百科词条电离辐射.
[2] 核与辐射防护手册.
[3] 电离辐射防护基础与实践.
[4] 核与辐射安全科普系列丛书之电磁辐射.
[5] 中国辐射水平.

第二节　辐射标志漫谈

不论在生活中或是在电影中，同学们一定见过图1－6这个标志。

图1-6　电离辐射标志

大多数人也许并不详细地知道这个标志的意义，但是隐隐有一种汗毛倒竖，想要敬而远之的感觉。或许聪明的你还知道，这个标志代表放射性。没错，这就是经典的放射性标志，学名“电离辐射标志（Ionizing radiation symbol）”。又称“三叶草标志（trefoil sign）”。自1946年被设计以来，三叶草标志已经获得全世界的认可，作为放射性的象征广泛应用在现实生活、电影艺术创作中，在人们的心头留下了深刻印象。即使毫无核安全知识的人，也或多或少能明白这个标志的意义。身为一个警示标志，电离辐射标志出色地完成了它的使命。关于这个标志都有哪些大家不知道的小知识呢？

各式各样的电离辐射标志

电离辐射标志是加州大学伯克利辐射实验室在1946年首次创造并使用的，当时的标志颜色十分特别，为有着蓝色背景的洋红色的三叶草。

图1-7　蓝色背景的洋红色的三叶草电离辐射标志

后来此标记受到美国军方和国际的认可，其颜色也发生了变化。在美国，还有这样的颜色组合存在。

图1-8　洋红三叶草配明黄底色

譬如电影《红海行动》中出现的黄饼，就印有红色三叶草的包装。

图1-9　容器上的红色三叶草电离辐射标志

而国际通行的放射性标志，则是大家都非常熟悉的黑标黄底了。

图1-10　发挥提醒功能标志

如果把三叶草加上一个三角框，变成交通信号牌一样，就变成了另一种标志。

图1-11　电离辐射警告标志

这个标志全名为“电离辐射警告标志”，也是较为常见的一种标志。比起单纯象征放射性的三叶草，这个标识还带有警示的意味，以提醒大家附近可能会有放射性存在。

许多人习惯性地把这些标志称为“放射性警告标志”，但是这其实是不准确的，因为“电离辐射”有着比“放射性”更加广泛的范畴，许多不存在天然放射性的装置和仪器也会存在电离辐射的危险（譬如粒子加速器、X射线安检仪），这些仪器虽然没有天然放射性，上面也会出现电离辐射标志。

另外，非电离辐射如果达到一定的强度，也会对人的健康产生危害。但是这种辐射的标志并不是三叶草，而是这样的。

图1-12　低频电磁辐射标志（非电离辐射标志）

除了我们常见的电离辐射标志之外，还有一种更少见、也更醒目的标志。

图1-13　电离辐射防护与安全警示标志

这是2007年2月15日，国际原子能机构（IAEA）和国际标准化组织（ISO）联合宣布通过的一种新的电离辐射警告标志，其正式名称为“电离辐射防护与安全警示标志”。在红色的背景上，黑色的三叶草标志发出辐射，伴着一个黑色的骷髅，和一个指向远离危险方向的箭头。其中三叶草标志表示电离辐射，而红色的背景和骷髅警告危险。相对于出现在外包装、集装箱、工作场所出入口的经典标志，这个标志专用于那些可能会致人死亡或是造成人身伤害的放射源，只出现在设备内部，靠近危险放射源的地方，如果有人试图拆卸设备，标志将警告他们不要继续进行下去。

我国对放射性标志的规范

我国对电离辐射标志有着特别严格的规范，在2002年颁布的《电离辐射防护与辐射源安全基本标准》中，对电离辐射防护与安全警示标志的形制、意义有着明确的定义。

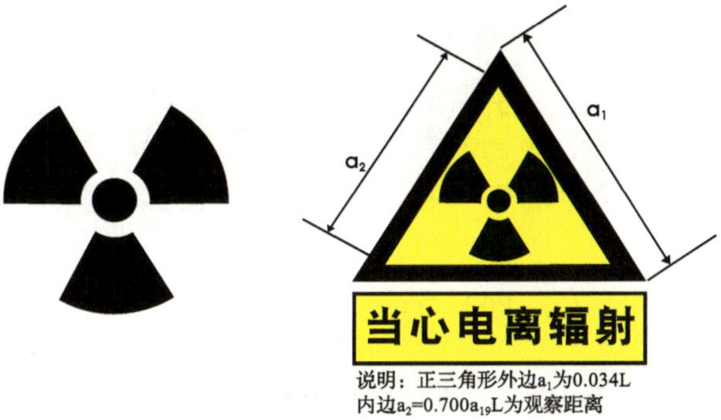

图1-14 电离辐射防护与安全警示标志

其中三叶草的角度、大小，三角形的边长，警示字体、字号等方方面面都有非常严格的要求。对一个小小的标志都要“吹毛求疵”，体现了我国核安全工作者一丝不苟的工作态度。

放射性标志的未来

现在的放射性标志深入人心，仿佛已经是合格、成熟、完美的标志了，在未来也没有必要继续改动，然而真的是这样吗？

那可未必！

有一种专门研究符号的学科，叫做符号学，这个学科的专家研究发现，标记和符号的意涵总是在不断地变化。其中最典型的，要数骷髅头标记。

这个标记在大航海时代，是人见人怕的海盗所使用，而到了“二战”时期，更是纳粹一些特别部门的标记，当时的人们看到这个标记，首先想到的是尸体、毒剂和死亡，自然唯恐避之不及。

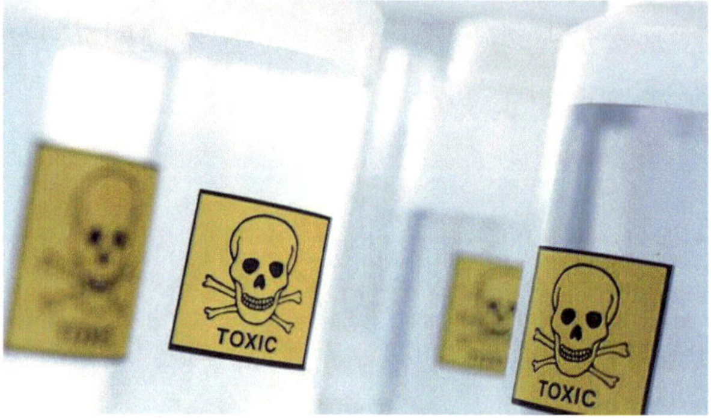

图1-15　剧毒标志

但是到了现代，在电影、动漫作品的熏陶下，人们对这个符号的认识发生了翻天覆地的变化。没经历过战争的孩子，看到这一符号首先想到的是海盗的宝藏和草帽海贼团。

那么，放射性标记是否会发生这样的情况？

有的人认为不会，因为在现代文明国家中，海盗和纳粹早已不是威胁，当一个标记不能切实提醒人们危险的存在，那它的意义自然会发生变化，而电离辐射的危险和海盗不同，是可以存在成千上万年的。电离辐射标志总是可以提醒人们危险的存在，所以永远也不会过时。

但有的人还是执意相信，电离辐射标志也会发生同样的事情。无论如何，怎样有效提醒未来的人们电离辐射的危险，是一个大家都很感兴趣的课题。

自20世纪70年代以来，工程师、人类学家、物理学家和语言学家们大开脑洞，想出了很多奇奇怪怪的点子，比如有人设想在埋藏放射性废物的地方，树立巨大的标志性的人造物或者障碍，譬如尖利的尖刺和荆棘，以利用人性中本能的恐惧来提醒未来的人们：此地危险。但是有人提出了不同的意见，他们认为，看上去危险的地方同时也会引发人们的好奇，若是未来的人们将核废料埋藏地当成探险的目的地，那可是相当不妙的。

图1-16 巨大尖刺

还有一种有趣的想法，就是建立宗教。1984年，语言学家托马斯·西比奥克提出了他独到的见解：纵观人类历史，能够流传上千年而意义不发生重大变化的事物实在太少，而宗教是其中之一。若是人们建立一个专门保护人们远离放射性危险的宗教，用神秘的仪式把意志代代传承，是否就能达到永远提醒人们的目的了呢？事实上，有的文艺作品中已经对这一畅想有所体现。如在电子游戏《辐射》系列中，就存在着名为“原子神教”的宗教势力，是由一帮信仰着“原子之神”，相信可以“用爱抗辐射”的狂信徒组成的组织。“辐射”与“宗教”结合，这充满废土朋克气息的设定看似是游戏制作人天马行空的想象，其出发点却如此实际。

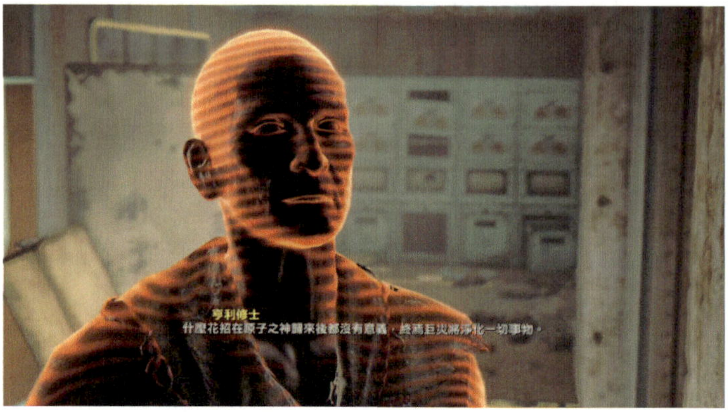

图1-17 《辐射》中“原子神教”的亨利修士

现在的电离辐射标记是否如人们所愿，能长久生效，也许只有时间能够检验。读者朋友，您对于怎样有效提醒未来的人们远离电离辐射的危险有没有什么奇思妙想呢？请您畅所欲言。

参考文献

[1] “New Symbol Launched to Warn Public About Radiation Dangers”. IAEA. Retrieved 2010-12-20.

[2] “Biohazard and radioactive symbol, design and proportions” (PDF). Archived from the original (PDF) on December 31, 2013.

[3] 互联网文献“Origin of the Radiation Warning Symbol (Trefoil)”.

[4] 维基百科词条“Hazard symbol” “Ionizing radiation”.

[5] Bilibili视频“为什么危险符号无法永远有效?”.

[6] 核与辐射安全科普系列丛书之六 核技术利用.

[7] 电离辐射防护与辐射源安全基本标准（GB 18871－2002）.

第三节 反物理？“四维时空”物质真的存在！

人们掌握的知识往往是直接或间接被告知的，这些知识可能会被不假思索地吸收，无论它是不是客观的，至少在那个时代被认为是正确的，甚至质疑它都要付出沉重的代价。我国古代有“天圆地方”的说法，西方则有“地心说”，都曾占据当时人们的大脑，有人因反对“地心说”遭受各种折磨，颠沛流离，最终被宗教裁判所烧死在鲜花广场上。人类对客观知识的追求是艰难曲折的，也是一个螺旋式上升的否定之否定的过程，这包括人们对科学知识的认知。

从某种意义上开玩笑的话，有些科学家们可能会被证明是个“空想家”，但这难掩他们探索、求知的贡献，只要是推进认知进步的。

近年科学家们又提出了一件新鲜事物——“时间晶体”，这考验着人们对新事物的态度，或许是个假说、一个谎言、一个创举。但如果提出这个新事物的人是诺贝尔奖获得者，那么大家可能会更相信一些。

提到爱因斯坦这个老头，人们想到的可能就是他的相对论。实际上除了相对论，爱因斯坦还告诉了我们其他知识，比如他认为，我们所在的时空是四维的，是由三个空间维度和一个时间维度凝聚而成的。这得到普遍认可。今天要谈的这个主角“时间晶体”就与这个四维有关。

目前科学家证实一种四维时空物质的存在，其组成结构可以随着时间改变而自行变化，并推测宇宙中存在着无数超出我们认知的物质结构类型。科学家将这种随着时间变化而发生结构改变的“四维时空”物质称为“时间晶体”。

图1-18 《自然》杂志封面的“时间晶体”示意图

“时间晶体”的提出

对“俗人”而言，提到晶体就会联想到水晶、钻石以及石英石等深受人们喜爱的贵重物品。但对物理学家来说，这些只是由规则原子结构在空间重复排列的晶体，原子结构还能在特定条件下沿着时间轴呈现周期性变化。

图1-19 水晶、钻石以及石英石

由此物理学家创造了一种新的物质形态，该物质的原子不仅在空间上呈现周期性结构，同时在时间上亦是如此。科学家将其命名为“时间晶体”——曾被认为不可能存在的物质。

“时间晶体”理论最先由诺贝尔奖获得者、麻省理工学院物理学家弗兰克。维尔切克于2012年提出，当时他发表论文阐述了相关理论，他认为“时间晶体”是一种处于基态（能量最低状态）可做周期运动的理论系统。

“时间晶体”究竟是什么?

如果说一般晶体最核心的特征是空间上的周期性重复特征，那时间晶体就不仅存在空间上的重复，而且存在时间上的重复。更奇怪的是，它们处在持续振荡的状态中，却没有任何能量。一般来说，处于势能最低状态，意味着一件东西是静止的，然而新制造出的时间晶体处于势能最低状态，却仍然是“运动”的，类似于一个不用上发条的永远旋转的钟表。这种运动不意味着它能做功，而是你在不同时间观测它，它呈现出不同的样子；其破坏了时间平移对称性，因此旋转时的能量比静止时还要低，能在不消耗能量的前提下以固定模式运动。

有研究人员用海绵来帮助人们理解“时间晶体”的概念，当人们每次用同样力量捏海绵时，海绵会周期性呈现相同的形状，“时间晶体”内量子系统具有类似运动。

“时间晶体”被证实真的存在

2017年，两支美国团队分头模拟出了时间晶体，一条路径是使用激光干涉金属“镱离子链”，另一条是用“人造金刚石的人工晶格”。两项研究成果都发表在2017年的《自然》（Nature）杂志上。

“镱离子链”的时间晶体是通过将十个镱离子排成一列，并使它们的电子自旋相纠缠而得到的。

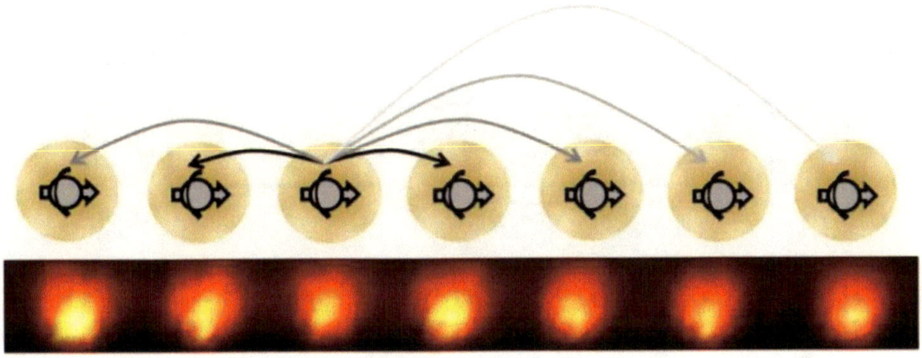

图1-20 镱离子链造时间晶体
（图片来自Chris Monroe, University of Maryland）

在不同的磁场和不同的激光脉冲中，时间晶体会发生物态改变，就像冰块融化一样。

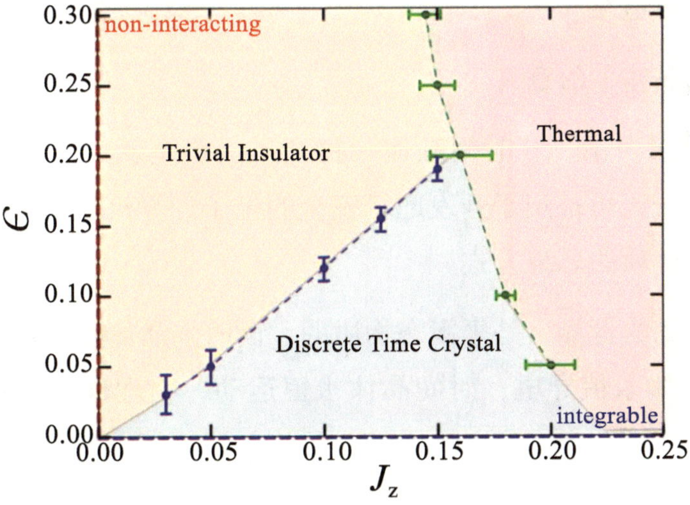

图1-21 不同的磁场和不同的激光脉冲中时间晶体发生物态改变曲线
（图片来自Norman Yao, UC Berkeley）

“人造金刚石的人工晶格”的时间晶体是利用了钻石中紧密包裹的氮-空位中心制造时间晶体，得到与“镱离子链”相同的结果。

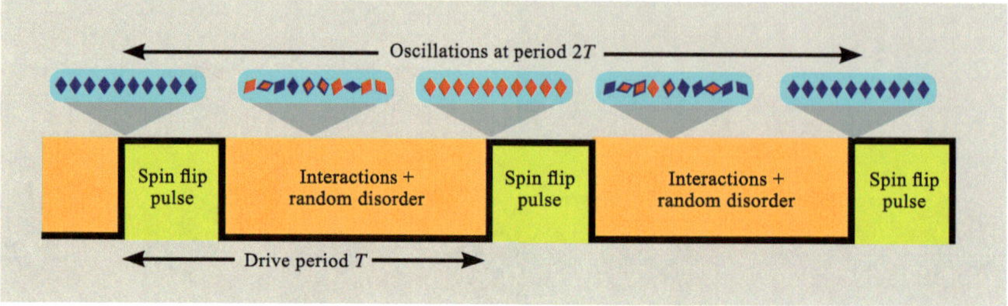

图1-22 “人造金刚石的人工晶格”时间晶体的“镱离子链”（图片来自APS/Alan Stonebraker/Phil Richerme）

印第安纳大学的Phil Richerme认为：“在两种非常不同的系统中都得到时间晶体这一事实表明，时间晶体是一种全新的物质状态，而不仅仅属于有限或特定的系统。在不同的系统中均观察到时间晶体这一事实证实了对称性破缺基本可以发生在所有自然领域中，同时也为一些新领域研究开辟了道路。”

“时间晶体”的意义

物理学家表示，“时间晶体”打开了一个全新的非平衡相物质世界，并且有一天可被用于开发超级安全的量子计算机。为人类研究物质特性打开了全新的思维方式。

我们熟悉的世界，是平衡态物质的，而时间晶体是一种非平衡态的物质。超导体永恒导电，时间晶体永恒运动，物理世界比我们想的更神奇。

第二章

核技术利用篇

第一节　生活中的核知识——X射线安检机

经常乘坐地铁、火车和飞机的朋友们，一定不会对这台机器感到陌生。

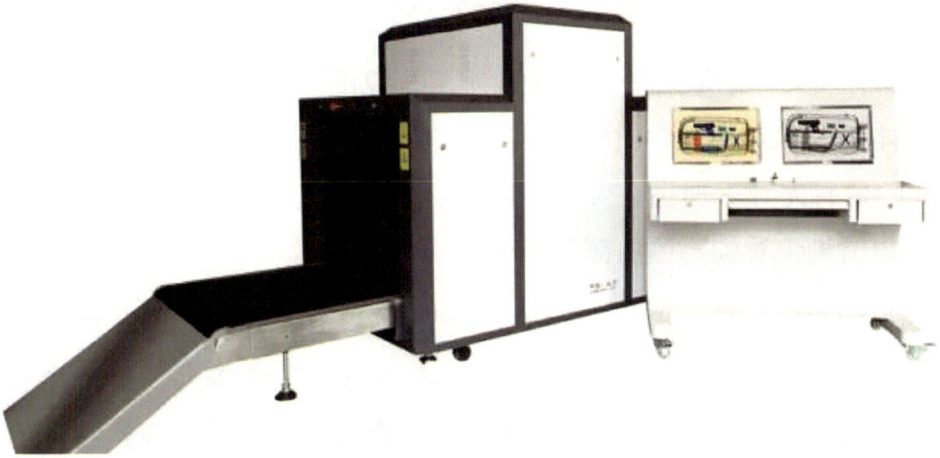

图2－1　X射线安检机

没错，这就是在交通安保中发挥了重要作用的X射线安检机。

我相信，在大家还是小孩子的时候，第一次见到这台神奇的机器，一定会对这台不用打开行李就可以透视的机器投去好奇的目光，X射线安检机到底能看到些啥呢？我们经常通过的X射线安检机会不会对我们的健康产生影响呢？

X射线安检机能看到什么？

是怎么看到的？

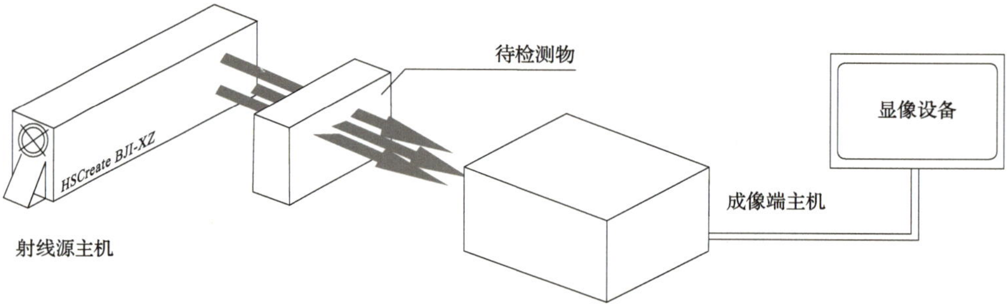

图2－2　X射线安检机原理图

X射线又称伦琴射线，它是肉眼看不见的一种射线，它具有穿透物质的本领，但对不同物质它的穿透本领不同，所以到达荧屏或胶片上的X线的量有差异。通过在荧屏或X射线片上形成黑白对比不同的影像，就可以清晰地看到物体内部的样子。

相信大家体检的时候都照射过X光。但是X射线安检机和医院使用的X光机又有很大的不同。人体内部的成分一致性较强，都是肉和骨头，可我们的行李却是多种多样的，安检工作不仅需要观察行李内物体的形状，对于行李内物体材质的辨识也非常重要，普通的医用X光机使用单组探测器，只能生成黑白画面，那该如何辨别行李中的危险物品呢？这难不倒聪明智慧的研发人员。研究人员在X射线安检机中使用了两组探测器，分别发出高能量与低能量的信号，这样就可以获得两组数据，好像在直角坐标系上确定了x和y就可以确定一个点，通过计算机将这两组信号进行分析，就能比较准确的知道物体的材质了，进而能够通过不同颜色标识，对包裹内的物品有一个基本的反映。

类别	颜色	典型物质
有机物		含氢、碳、氮、氧的物质，如糖
混合物和轻金属		含钠、硅、氯的物质，如盐，轻金属，如铝等
无机物		如铁，铜，银等

图2－3　典型物质与对应颜色

在X射线安检机的监视器上，看到的画面是这个样子的：

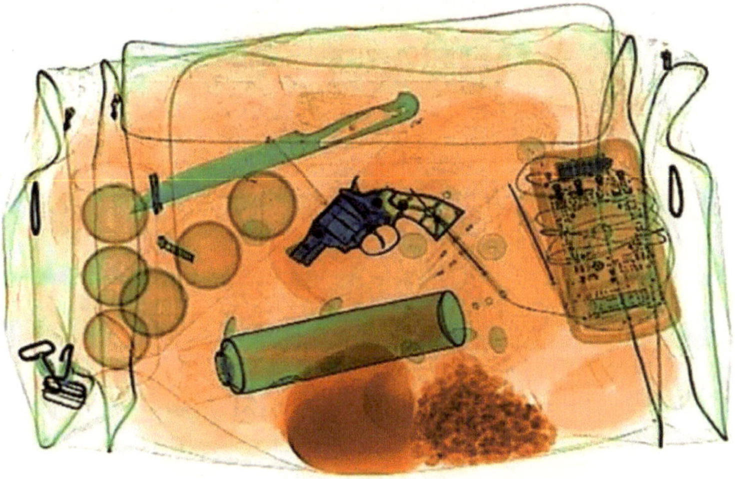

图2－4　安检机显示器上的画面

X射线安检机到底安不安全?

为什么是安全的?

那么，X射线安检机到底安不安全呢？行李安检仪的辐射剂量约为医用X光成像仪的1%，并且由于行李安检仪四面都用一定厚度的铅帘屏蔽，可将安检仪外表面的辐射剂量减少约两个数量级，使其外部辐射水平处于本底范围。因此，即使是经常旅行的人也不会受到太大的辐射。事实上，即便是安检工作人员，辐射对他们的健康也没有影响。

但是安全归安全，射线总是存在的，为了我们的健康，还是要本着“能避免则避免”的原则，避免受到不必要的辐射。之前坐地铁，曾经看到一位着急赶时间的大姐，因为嫌传送带走得缓慢，竟然伸手进入安检机的帘子内去取尚未完成安检的包包，这样做是很不妥当的，我们在过安检时，应等待行李完全从安检机内送出后，再伸手去取。若遇到传送带卡住，或者行李卡在安检机内，请向工作人员寻求帮助。

图2－5　状态指示灯

国家是如何管控X射线安检机的使用的?

我国对射线装置有着严格的管理办法。从高到低将射线装置分为Ⅰ类、Ⅱ类、Ⅲ类。

Ⅰ类射线装置：事故时短时间照射可以使受到照射的人员产生严重放射损伤，其安全与防护要求高；

Ⅱ类射线装置：事故时可以使受到照射的人员产生较严重放射损伤，其安全与防护要求较高；

Ⅲ类射线装置：事故时一般不会使受到照射的人员产生放射损伤，其安全与防护要求相对简单。

X射线安检机属于Ⅲ类设备，按照《射线装置分类》（环境保护部/国家卫生和计划生育委员会2017年第66号公告）规定："对公共场所柜式X射线行李包检查装置的生产、销售活动按Ⅲ类射线装置管理；对其设备的用户单位实行豁免管理。"所谓豁免管理，并不是不管理，恰恰相反，国家审管部门有一套非常严格而科学的评估标准，只有在确保安全的情况下才会进行豁免的认可。只有确保厂家生产的每一台机器都是合格的，这些机器才允许被销售。在监管部门的严格管理下，我们使用的X射线安检机是非常安全的。

第二节　灵敏可靠的火灾报警员

现代社会，高楼林立，消防安全成为人们必须面对的现实问题，尤其在火灾的前期报警阶段，安装α源制成的离子感烟报警器成为防范火灾的重要手段。离子感烟报警器可探测到人眼看不到的微粒组成的烟雾，可在阻燃生烟阶段，自动发出报警信号并打开淋水喷头，把火扑灭在未成灾阶段。现已在宾馆、饭店、写字楼等高层建筑和家庭中得到广泛应用。

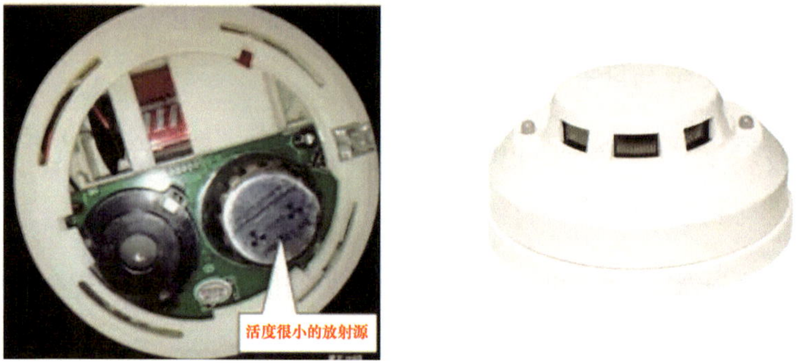

图2－6　烟雾报警器

烟雾报警器（图2－6）具体原理是，内有一个电离室，电离室内置一枚活度极小能放出α粒子的镅-241放射源［活度约0.8微居里（1居里 $=3.7\times10^{10}$ 贝可）］，正常状态下处于电场的平衡状态。

烟雾是上升运动的，到达天花板底下，当有烟尘进入电离室会破坏这种平衡关系，报警电路检测到浓度超过设定的阈值时会发出警报。烟感报警器通过烟发现火灾。在您没有看到火苗或闻到烟味的时候，烟感器已经知道了。它不停工作，一年365天，每天24小时，从不间断。在报警时，它发出尖啸刺耳的声音，直到烟雾散去。

美国国家消防协会报告表明，安装了推荐数目的烟感报警器的住宅一旦发生火灾，住宅内人员的逃生机会将比未安装的住宅多出50％。

不过大家是不是也诧异，怎么头顶上居然有颗放射源，并担心这些小放射源对自己产生影响呢？

事实上大家不必担心，目前，我们国家对生产、销售这种烟雾报警器的厂家实行许可管理，产品必须牢固固定内置的小放射源，且外表没有辐射泄漏，不达标产品是不允许出厂的。监管上，要求生产、销售单位应具备健全的相关制度，对所售仪器中镅-241放射源的跟踪管理；在产品说明书和销售合同中明确告知产品中含有放射源，同时告知有关放射源的危害和防护知识及售后管理要求；负责对仪器报废后其中的废放射源进行管理，承担送贮到有资质的放射性废物收贮单位的责任；制定仪器销售台账、售出仪器跟踪管理及废放射源处理记录。并且国家设定有专门技术标准，现行标准详见《离子感烟火灾探测器用镅-241 α 放射源》（GB12951－2009）。

事实上探测器内部的α放射源是由镅-241（^{241}Am）发出，由于α粒子比电子重得多，且带两个单位正电量，其穿透能力很弱，一张纸就能把它屏蔽，也穿不透人体皮肤的外表皮，而且α粒子在空气中的射程非常短，人站在离源10 cm远的地方，它也射不过来，能量为5 MeV的α粒子在空气中的射程为3.5 cm。

也就是说，除非你把镅吃到肚子里，或者磨成粉吸进肺里，或者注射到血液中，否则它是不会对你造成放射性伤害的。

第三节　“嫦娥三号”用过的“暖身宝”

“天涯共此时，千里共婵娟。”

“明月松间照，清泉石上流。”

古往今来有很多对月亮的赞美与向往。

嫦娥奔月的故事流传千古……

一个激动人心的事件与时刻

2013年12月2日，中国的“嫦娥三号”带着几亿人的嘱托奔向月球并获得成功（着陆于月球雨海西北部）。

图2－7 “嫦娥三号”月球车

图2－8 “嫦娥三号”登月示意图

可你知道月球上有多冷？

月球上没有大气层，月面直接暴露于宇宙空间。所以月表的温度变化非常剧烈，与地球差异很大。

气温冰火两重天

月球表面光照条件变化大，昼夜温差超过300 ℃，白昼时温度高达127 ℃，黑夜时温度急剧下降到－183 ℃。在长达地球14天的昼、夜里，探测器面临着月昼高温下的热排散问题和月夜没有太阳能可利用情况下如何保证温度环境的问题。

“嫦娥三号”怎么办?

为了能够应付极端温度条件下的恶劣环境，“嫦娥三号”采用了很多新技术，其中为了应对“低温”，“嫦娥三号”带了一个同位素热源，作为“暖身宝”，将该热源放出的热量散步“嫦娥三号”全身，解决了低温生存的问题。

这一热源对在月球环境下生存的“嫦娥三号”是至关重要的。同位素（钚－238）衰变释放出来的热量足以为夜间休眠中的月球车保温，在月球－150～180 ℃的低温中，同位素热源可以使“嫦娥三号”能够抵御住严寒，确保探测器上的仪器不被冻坏。

在“嫦娥三号”的有效载荷分系统共使用2枚RHU充当“棉衣”和“棉裤”，分别保护着粒子激发X射线谱仪和极紫外相机这两个重要的部分。

这种热源实际是对原子衰变能的利用

核衰变反应也能放出的能量，核衰变反应远不如裂变那么剧烈，但衰变释放的能量也不容忽视。如钚-238衰变时，表面温度可以达到五六百摄氏度，足以让钚金属块呈现出炽热的红色。

第四节　无须担心，我们无限续航……

图2－9　电池续航不足的焦虑

有了电，真方便；没有电，该咋办?

随着移动互联技术的高速发展，社会即将进入5G时代，几乎人人离不开手机……

有调查显示，不论是中学生、大学生、大学教授还是城市务工人群，这些群体使用移动互联网的比例均超过PC端；人们可以忍受手机不在身边的极限是3小时。

可当智能手机电量低至1%，又没有充电器时，您是否会感到恐慌？您会怎么办呢？

这个还真可以有，这就是核电池。

虽然无法说无限续航，但续航几十年是实现了的呢，在不久的将来，只需要一个硬币大小的核电池，就可以让你的手机不充电使用5000年。

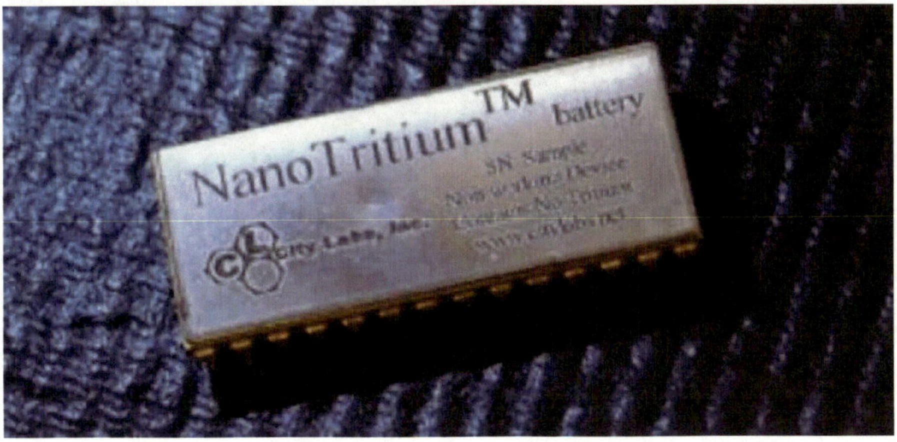

图2－10　同位素电池

核电池是什么呢?

核电池又叫“放射性同位素电池”，它是利用同位素在衰变过程中不断放出具有热能的射线，再通过半导体换能器将此热能转变为电能这一原理而制成。

放射性同位素电池的种类较多，按照换能原理的不同，可分为热型和非热型。其中非热型放射性同位素电池又叫作核电池。总之是人们对核能核技术的应用，核电池已成功地用作航天器的电源、心脏起搏器电源和一些特殊军事用途。

下面介绍一下核电池造福人们的一个例子——宇宙探索的动力。

宇宙探索的动力

我们都知道，人类生活的地球，在浩瀚的宇宙里只不过是沧海一粟，地球以外到底有没有生命，它们是什么样的？可以说人类从未停止对地球以外领域的探索……

第一个飞出太阳系的飞行器是美国的“旅行者1号”探测器。

“旅行者1号”探测器

“旅行者1号”携带的两张金盘，用于向外星人介绍地球的信息

图2－11　旅行者1号

“旅行者1号”是由美国宇航局研制的一艘无人外太阳系空间探测器，重815千克，于1977年9月5日发射，截至2017年仍然正常运作，已经运行了40余年。

北京时间2014年9月13日凌晨2点，美国国家航空航天局召开新闻发布会，宣布37年前发射的“旅行者1号”探测器已经离开太阳系，正在飞向别的恒星。“旅行者1号”同时也是首个冲出太阳系的人类制造的飞行器，在人类的航空航天史上成为一座极具纪念意义的里程碑。

“旅行者1号”上用了核电池

至于“旅行者1号”上的电池，科学家说，探测器上携带三枚核电池，能够保证它继续飞行至2025年。

中国对同位素电池也进行了研究

中国第一块放射性同位素电池于1971年3月12日诞生于中科院上海原子核所，以钋－210为燃料，输出电功率为1.4瓦，热功率35.5瓦，并进行了模拟太空应用的地面试验。随着我国核电站数量的增加，由乏燃料后处理提取的镎237原料的逐渐积累，为后来开发钚-238电池，提供了物质基础。

又是小嫦

我国首次实用核电池将随“嫦娥三号”软着陆月球，并用于“嫦娥三号”的着陆器和月球车上。这种原子能电池可以连续工作30年。

图2－12　中国首辆月球车玉兔号

对“嫦娥三号”来说，核电池中的钚-238它相当于一个热源。这一热源对将在月球环境下生存的“嫦娥三号”的保温作用是至关重要的。其释放出的热量及经过温差热电转换器的转换形成的电流，充分满足了“嫦娥三号”的能量需求。它的能力虽不足以让火箭升空，却可以用于小规模供电，支持“嫦娥三号”所带月球车低速移动；支持“嫦娥三号”所带设备正常工作；支持“嫦娥三号”与地球之间的通讯。

第五节 大“核”治水

“水能载舟，亦能煮粥”

图2－13 生命之水

水被誉为生命之源，孕育了地球上的人类文明，人们的生活和工农业生产都离不开水，如果没有水，一切生命以及人类文明也将随之消失。事实上，人类生生不息，一直在和水打交道，在我国，上古时期水患频发，有大禹治水的故事流传。

“治理水患”到“治理水质”

随着农业、工业生产等活动的开展，我们逐渐从“治理水患”过渡到“治理水质”，尤其经过三十多年的快速发展，积累下来的生态环境问题日益显现，进入高发频发阶段，比如，全国江河水系、地下水污染和饮用水安全问题已不容忽视。

如今“绿水青山就是金山银山”，建设生态文明是关系人民福祉、关乎民族未来的大计，是实现中华民族伟大复兴中国梦的重要内容，这已深入人心。

图2－14 绿水青山就是金山银山

当然，要打赢水质污染攻坚战，核技术也不能缺席，且看，核技术如何治水。

图2－15 央视报道核技术处理工业废水

核技术“治水”可以分为两个方面，一是饮用水，另一个是对于生活污水及工业废水。在对于饮用水的处理中，我们可以利用核技术，利用高能射线有效地除去饮用水中微生物、细菌等对人体有害的物质，以保证饮用水的安全。核技术处理废水污水，则是通过高能射线下的活性产物，对水中的污染物进行氧化分解，从而有效地处理水中的污染分子，达到净水的目的。

作为水污染防治链条中最薄弱的环节，工业废水被誉为水处理界最难啃的“骨头”之一，尤其是高浓度有机物、高氨氮含量、高含盐量的工业废水。

下面主要谈一下，核技术对目前困扰我们的工业污水的治理。

工业污水的危害

图2－16 工业污水

工业污水主要成分包括大量的有机污染物，其中苯环、甲氯农药、多氯联苯、氯酚等，这些污染物使得污水具有非常强的脂溶性和毒性，造成水体污染、土壤污染。毒素通过水体进入到动物、植物和人体内，会导致人体受到巨大的损伤。

核技术治水的优势及原理

污水中有机污染物的危害在于会杀死水中的微生物，即使通过污水处理也无法达到正常的水质，而传统化学物理方法进行污水处理时，一般是将污染物从水中分离，分离后会出现污泥，污泥的污染性更强，依旧需要进行处理，后续还很麻烦。

辐射技术利用射线对污水进行辐照，水分子在高能射线的持续照射下会发生一定的水解反应，放出水中的氢原子、过氧化氢等具有高氧化性的物质分解水中的有机污染物，尤其是多氯联苯、氯酚化合物等降解程度难的有机污染物，从而彻底减少或消除水中的污染物，达到治理污水的目的。

国外一直在研究和实践

废水的辐射处理技术研究开始于1956年，最初主要是研究废水的辐射消毒效果。20世纪70年代初，美国的迈阿密建立了一套大规模电子加速器，用于废水和污泥的处理研究。20世纪80年代，在全世界范围内有许多有关水和废水辐射处理的基础研究和工业实践。

日本东京的首都同位素研究中心自1983年起便集中研究辐射处理填埋废渣的浸出物，以减少微生物和破坏有毒的有机污染物。

德国将钴-60源安装在760个深井中用于饮水和工业废水的处理。

原捷克斯洛伐克雷泽的核研究所从1986年起就已经确定饮用水的辐射研究方案，他们用800戈瑞剂量的辐照代替氯气来消毒饮用水。

印度的巴巴原子研究所研究中心在Baroda的Gajera wadi污水处理厂有一座50万居里的钴-60的中间工厂用以辐照处理废水或污泥。

奥地利研究中心自1987年起便一直进行电子束辐照从饮用水中去除氯乙烯的研究，位于维也纳南的Mitlerdorfer Senke是欧洲最大的地下水源，但是大部分地下水含四氯乙烯，奥地利在该地区建立了世界第一个臭氧-电子束结合的商用处理站，用于净化地下水，使它可以作为饮用水。

巴西于1996年开始研究用电子加速器处理饮用水和污水。

韩国三星HeavyIndustries与俄罗斯物化所合作，建立了一套电子束处理废水装置，处理大丘染化工业公司的印染废水，处理量为每天1000 m^3。

此外，韩国还建成了造纸废水再循环的电子束处理商用示范装置，匈牙利、加拿大等国也都建有类似的水处理试验工厂。

我们也有且又精进

我国的辐射研究和辐射应用事业始于20世纪中叶，利用核辐射技术对环境废物处理已有近三十年的发展历史，上海交通大学、中国科学院上海应用物理研究所等单位都曾经进行过电子束辐照处理难降解有机废水的研究。

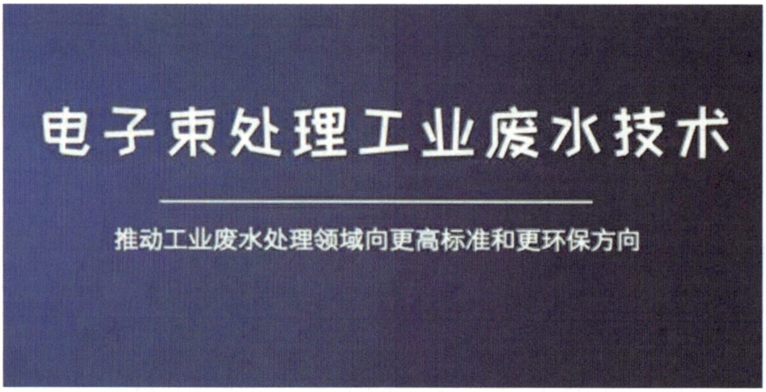

图2－17　电子束处理工业污水技术

中国首个电子束辐照处理工业废水示范工程

2017年3月15日，中国广核集团刊文报道，中国首个电子束辐照处理工业废水示范工程在浙江金华启动运行，这将为核技术在工业废水治理领域的应用，打开广阔的成长空间。

图2－18 电子束处理工业污水控制系统

该示范工程采用电子束辐照技术对印染废水进行深度处理，目前每天处理量为1500～2000 m³，可以高度去除废水中残留的污染物，实现废水的高标准排放或者中水回用。

图2－19　电子束处理工业污水处理前后对比

电子束辐照技术作为处理难降解废水的一种重要解决手段，被国际原子能机构（IAEA）列为21世纪和平利用原子能的主要研究方向，已成为国际新型环保技术的研究热点和重要发展趋势。

参考文献

[1] 刘秀华. 辐射技术在废水处理中的应用. 化工进展, 2010, (5): 938-943.
[2] 吴海辉. 核技术及其在环境保护中的应用研究. 科技创新与应用, 2016, (19): 154-155.
[3] 尹琪丹. 辐射技术在环境保护中的应用探讨. 中国高新技术企业, 2016, (33): 63-64.
[4] 央视.我国核技术处理工业废水取得突破. http://news.cctv.com/2017/11/22/ARTIu1VhLj8JUOX3zIpr2ErS171122.shtml.

第六节 核能治霾

著名作家柳青说：“人生道路虽然漫长，但要紧的只有几步，特别是在他年轻的时候。”这与人们常说的“人生最难的是选择”有异曲同工之妙。每个人都会遇见人生的十字路口，都要面临如何选择，人生就是一个不断选择的过程。

于一人为私，然于一而十，十而百，百而千，千而万人……则为公，进而为国。个人会面临选择，一个集体、一个组织，乃至一个国家亦如此，无非一个是小选择，一个是大选择。

“中国人民站起来了”到“中国人民富强起来”

近代清政府选择了闭关锁国，西方列强用“坚船利炮”打开大门，中华民族面临生死存亡的考验，中华儿女前仆后继，不屈不挠，寻求救国图强之路……

中国人民选择了中国共产党、选择了毛泽东思想，于是有了新中国，从此中国人民站起来了；我们选择了改革开放……于是我们取得了瞩目的成就；如今我们迎来新时代，必将取得更大的辉煌，实现中国梦……

老百姓过去“盼温饱”现在“盼环保”，过去“求生存”现在“求生态”

在我国经济社会发展取得历史性成就的同时，在快速发展中，也积累了大量生态环境问题，成为明显的短板，已成为人民群众反映强烈的突出问题。

对于此，党和国家作出了部署，党的十八大以来，中央就生态文明建设和生态环境保护提出一系列新理念新思想新战略，如今“绿水青山就是金山银山”理念已深入人心。党的十九大更是紧扣我国社会主要矛盾变化，对决胜全面建成小康社会、打好污染防治攻坚战作出重大决策。

“蓝天也是幸福”

污染防治攻坚战，蓝天保卫战是重点！有人说现在人们已养成每天醒来第一时间看天气预报的习惯，防护口罩已成了生活必配。

2017年12月召开的中央经济工作会议明确：“打好污染防治攻坚战，要使主要污染物排放总量大幅减少，生态环境质量总体改善，重点是打赢蓝天保卫战，调整产业结构，淘汰落后产能，调整能源结构，加大节能力度和考核，调整运输结构。”

发展核电可优化能源结构是打赢蓝天保卫战的重要选择

有数据显示，2017年1—12月商运核电机组累计发电量约占全国累计发电量的3.94%，远落后于火电（73.48%）、水电（17.24%），清洁能源占比过小是目前中国能源结构的突出问题。核电发展对调整优化我国能源结构意义重大，有效降低煤炭为主的化石能源消耗，对改善大气环境质量、打赢蓝天保卫战有积极作用。关于核能的优势和为什么可以优化能源结构，专家们已经讲得很多，在此不再赘述。

下面让我们看看世界上其他国家核能发电的占比。

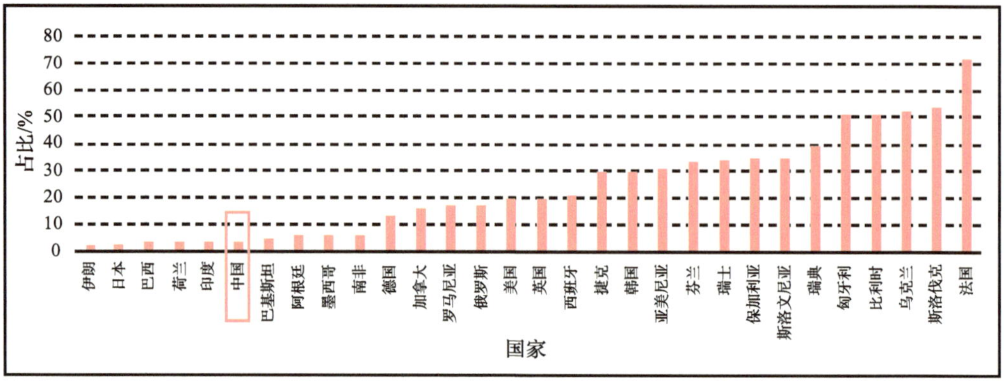

图2－20　各国核能发电占其总发电量的比重/%

（数据来自北极星电力网，2018年5月18日）

由图2－21可知，世界主要核电国家的核电发电量占比都保持在较高水平，核电的发电占比都在我国之上。我国距10%的世界平均水平仍有较大差距，是所有核电大国中最低的，这与我国电能消耗的位置是极不相称的。事实上，核电也是相关国家低碳能源的主要贡献者。

再看一些相关国家的核电新动向，很多国家是积极发展核电的：2016年俄罗斯宣布预提高核电在国家能源结构所占比例；2017年印度《国家电力规划（草案）》十年内提高水电核电比例，埃及与俄罗斯签署塔巴核电站建设协议。进入2018年，有新闻报道称，保加利亚、乌兹别克斯坦、孟加拉国、沙特阿拉伯、波兰等都拟建设核电站。当然，也有例如法国、德国等宣称降低核电比例的一些情况，但其背后往往与其他因素有关。

大家眼中的“核电安全”

对核电安全性的看法目前已成为核电项目获得公众接受的最大障碍。谈到对事物的看法，不禁会让人脑海中浮起“一千个人就有一千个哈姆雷特”“横看成岭侧成峰，远近高低各不同”来。

关于核电安全的看法，专家学者们从概率的角度告诉我们核电出事的概率在十万分之一以下；政府人士告诉我们中国至今没有发生2级以上核电事件，核电站运行很安全；核能集团告诉我们秦山核电基地安全运行100堆•年、中核集团五台核电机组WANO综合指数世界第一、中国核电机组创安全运行国际纪录；国际原子能机构（IAEA）、世界核电营运者协会（WANO）等国际机构多次对中国核电发展及监管状况进行同行评估，对我国核电发展和监管方面的成就进行了肯定；此外，还有部分人士的质疑，有的认为核电不安全，全世界应该放弃核能回到农耕时代，有的则时不时抛出其个人的几个问题、几个提醒等；上述这些人士、机构的言论与看法往往会对普通公众产生较大影响。

其实，还有一类人，相比全国人口他们数量不多，但他们与核电接触最紧密、也最关心核电，就是那些参与核电建设，运行等的人，他们“家核电”，即他们将家安在了核电厂，一家老小，有的甚至一家几代人，对这些人来说核电厂是其谋生的地方，也是他们的家，他们最关心核电厂，关心核电的安全，核电厂在，家便在。这些人的选择就是无声的话语，就是对核电安全的信任。

人们对核电安全的讨论还会延续，这种讨论应会推进核电安全水平的持续提升；空谈误国实干兴邦，我辈尚需努力！

第七节　一个水泥墩子3000块！

这是个什么样的水泥墩子呢？请看图2－21。

图2－21　消波块

这是海边的消波块

消波块是在海岸或河堤边放置的大型水泥块，用来保护海岸，消波块又称为“防护块”。最早是1950年由法国人发展出来，在第二次世界大战中的北非战线上，法军用菱形块（tetrapod）阻挡德军坦克前进。战后清理战场，将此种块体抛在Casablanca防波堤周围，以替代护堤方块，本为废物利用，不料其消波效果甚佳。后Sogreach水工试验所研究证明其确有消波作用，安定性良好，于是取得世界性专利，当专利保护期结束后，便大量普及到全世界。

卖3000元人民币的水泥墩子（见图2－22）

图2-22 大亚湾核电厂使用的消波块

其实是技术壁垒下强势搭售的结果

这些大亚湾防波堤的消波块，据说是当年从法国进口的，3000元人民币一个，据说是当时最牛电视机的价格，也相当于当时内地一个大学生毕业后三、四年的工资总和。因为大亚湾核电站引进了法国的核岛技术装备和英国的常规岛技术装备进行建造和管理，并由一家美国公司提供质量保证。在销售核电站时，法方进行了搭售，这水泥墩子就是之一。

这里还有一个故事插曲

大亚湾核电站是一个“交钥匙工程”，由法国人牵头建设好后，移交给中方，法国人是“老师”，合营公司则是从零起步的“小学生”。尽管中方是完全的跟随者，但对于确保安全、质量，合营公司从未有任何懈怠，有着近乎偏执的坚持。

1986年，合营公司技术人员在检查中发现，核电站一期防波堤混凝土块（消波块）质量不合格，且不合格率竟达三分之一。

经查，原来是骨料的石块大小、椭圆度、扁平度、清洁度有问题，配比也不对。承包商为了提高强度配用了比标准更多的水泥。

对普通情况来说或许几百块用于防波堤的混凝土块质量有点瑕疵，似乎用不着大惊小怪，但是，合营公司第二次、第三次董事会居然对这个质量事件做了认真而又详尽的审议。董事会一致认为：尽管防波堤属核电站外围工程，但事关核安全，一定要坚持高标准！更重要的是要借此事件在每一位员工的心中筑起“质量第一”的大堤！

“不仅对防波堤如此，对改善合营公司管理也是如此”。为了确保大亚湾核电站建设的安全质量，1987年，合营公司与国际知名的第三方公司签订质量保证顾问合同，引进了与国际接轨的科学质量管理体系，并通过合同明确要求供应商和承包商建立相应的质量保证体系。这种习惯一直保持了下来，成为中广核“一次把事情做好”核心价值观的源头。

在技术突破上没有含糊

大亚湾核电站的建设和运行，成功实现了中国大陆大型商用核电站的起步，实现了中国核电建设跨越式发展、后发追赶国际先进水平的目标，为中国核电事业发展奠定了基础，为粤港两地的经济和社会发展作出贡献。

从“独立自主，自力更生原则”到“大国重器一定要掌握在自己手里”

前段时间，美国制裁中兴，实行芯片封锁，有评论人士指出实际是阻击我们的中国制造2025强国战略，目的在于遏制中国人民过上富强生活！

但这实实在在是不明智

美国打错了算盘，中国芯片产业虽然与欧美等整体有很大差距，但这个差距并非不可逾越，一方面中国的芯片产业虽然性能不领先，但并非不堪用；另一方面，以中国一年3000亿美元以上的芯片需求，很有可能有个三五年时间，中国的芯片产业就会实现伟大超越。

从独立自主，自力更生原则，以及那句“封锁吧封锁他十年八年中国的问题就解决了”到“大国重器一定要掌握在自己手里”是一脉相承的！

我们解决了全国人民的吃饭问题……

我们以联合国缔造国的身份恢复加入了联合国并成为
五大常任理事国之一……

成功爆炸了“两弹”……

卫星上了天……

中国飞机、中国船、中国桥…

“华龙一号”、高铁……

“天宫二号”“蛟龙号”、世界最大单口径射电望远镜……

北斗导航、量子通信……

……

参考文献

[1] 搜狐.“华龙一号”是名副其实的国家名片，被誉为中国制造逆袭的经典案例.

[2] https://m.sohu.com/a/231306889_100082376/?pvid=000115_3w_a&from=groupmessage.

第八节 火星移民：人类只能生活在地下洞穴

宇宙飞船飞来飞去，各种空中交通工具像小鱼一样穿梭于巨大的玻璃圆顶建筑之间……这不是科幻大片，这是SpaceX火星移民梦想。

图2－23 星际飞船构想图

图2－24 星际生活构想图

2016年9月28日早间消息，SpaceXCEO伊隆·马斯克在墨西哥瓜达拉哈拉举行的国际宇航大会上做了题目为“把人类变成星际公民”的演讲，SpaceX将开发大型火箭和飞船，将人类送往火星，最终实现火星移民。

图2-25 火箭与飞船

图2-26 发射基地

最近，他们对人类移民火星后的生活进行了梦想，我们大多数人都不会选择在地下两米或以下生活，都不愿住地下室，但如果你抵达火星，这可能是你唯一的选择！

人类未来的火星生活

近日，SpaceX公司首席运营官格温妮•肖特韦尔接受了CNBC新闻采访时，大胆预测了人类未来的火星生活——可能生活在火星表面之下。

但是，为什么人们需要生活在火星地下栖息场所呢？

火星大气层比地球大气层更稀薄，而且缺少磁场，这意味着火星表面保护人类免遭宇宙辐射的能力降低，这可能导致许多健康问题。

原来是因为有辐射！

图2－27 构想的火星基地

美国宇航局表示，如果我们希望保护火星移民者免遭辐射伤害，有以下几个选择：使用大量航天器材料建造栖息地，但是太空运输吸收辐射材料的成本很高，或者制造全新、更有效的材料，但是研制这些材料会非常昂贵。

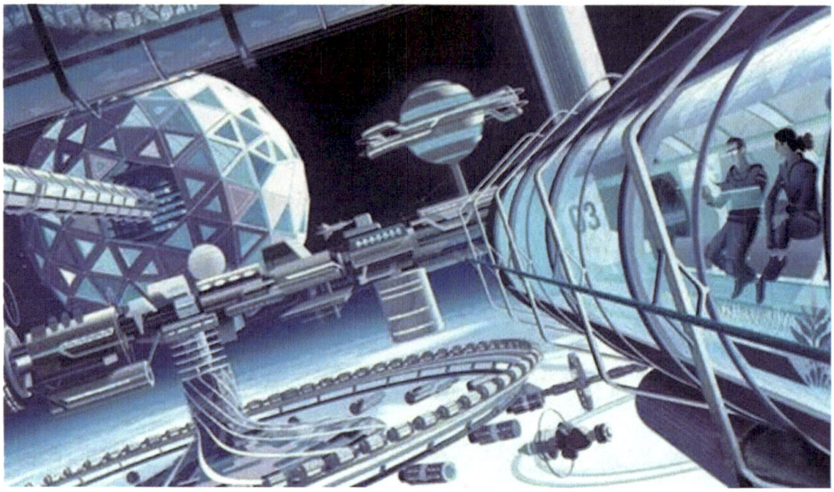

图2－28　构想的火星移民栖息地

相比之下，向火星运送挖掘地下隧道的机器建造安全栖息地，可能是成本最低廉的方案。

图2－29　构想的火星移民地下隧道

这么厉害的宇宙辐射，究竟是什么回事?

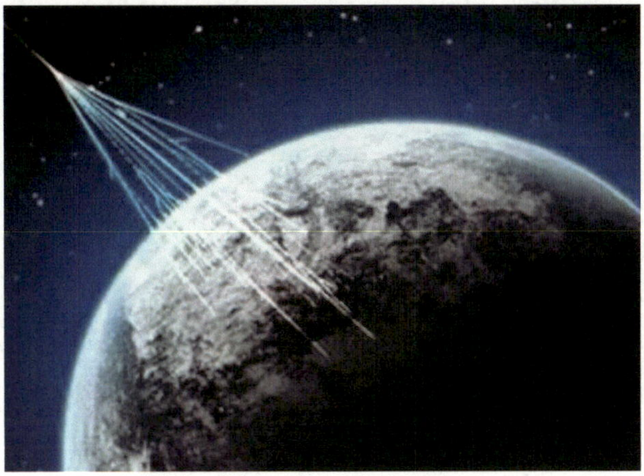

图2－30 宇宙射线

宇宙辐射也叫宇宙线，亦称为宇宙射线，是来自外太空的带电高能次原子粒子，它们可能会产生二次粒子穿透地球的大气层和表面。宇宙辐射对太空中的人体会产生影响。

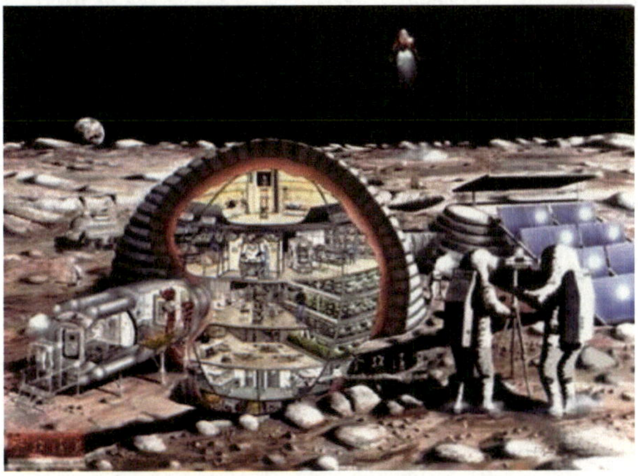

图2－31 外太空宇航基地

为了获取宇航员在太空旅行中的受到的辐射照射情况，科学家们也做过试验测量，2011年11月26日，火星科学实验室启程离开地球，美国西南研究院领导开发的辐射评估探测器（RAD），在太空舱内部对高能粒子辐射环境进行了细致的测量。测量结果是："就累计辐射剂量而言，这就相当于每五到六天接受一次全身CT扫描。"该研究结果于2013年5月31日发表在《自然》杂志上。

宇宙射线（辐射）的发现

1912年，德国科学家韦克多•汉斯带着电离室在乘气球升空测定空气电离度的实验中，发现电离室内的电流随海拔升高而变大，从而认定电流是来自地球以外的一种穿透性极强的射线所产生的，于是有人为之取名为"宇宙射线"。

宇宙辐射会危害人体吗?

宇宙射线来自太阳和星际空间，主要由中子、质子、电子和各种介子等高速粒子组成。这些粒子有很强的贯穿能力，可辐射到地球，但在穿越大气层时其能量损失殆尽，这时对人体造成外照射并不构成辐射健康危害。宇宙射线的强度随海拔高度的增加呈指数增加，所以，在太空、高原旅行或乘坐飞机时，宇宙射线对人类的辐射则不可忽视。

人体每年受宇宙射线影响的辐射量大约为2.4 mSv（毫希沃特），人类经过漫长的进化，也基本适应了这一生态环境。

第九节 海洋——未来的核能之源

2008年联合国大会通过第111号决议，决定自2009年起，每年的6月8日为“世界海洋日”（World Oceans Day），并于2009年将首个世界海洋日的主题确定为“我们的海洋，我们的责任”。

2018年世界海洋日活动主题为“奋进新时代、扬帆新海洋”。海洋是生态环境系统的重要组成部分，它与人类是相生的。合理、科学的开发利用，对保护好海洋意义巨大！

我们都知道，无论各个方面，各个行业，各个领域，从离子、粒子的运动到日月星河的运行都离不开能量。

图2－32 太阳系星球

太阳系星球

那么，什么是能量？

物理学家告诉我们，能量就是物质的动态形式，简单来说，就是能量和物质是等价的，它们可以相互转化。能量是释放了的物质，物质是浓缩了的能量。如果说世界是物质的，那么世界也是能量的。根据爱因斯坦的质能方程，它们之间的关系是$E=mc^2$，其中E代表能量，m代表物质亏损质量，c则表示光速（常量，c=299 792.458 km/s）

图2－33　爱因斯坦

能量不是万能的，但没有能量是万万不能的。我们日常衣食住行所需的能量大多来自煤炭、天然气、石油等能源。

但这些能源是有限的，随着世界人口的增加，能源消费也不断增加，有估算数据（英国BP石油公司的统计），按照当前能源消耗状况发展下去，世界上的石油只够再用41年，天然气60年，煤炭资源200年左右。人类必须找到替代能源，这是一个大问题，海洋就是未来的能源选择。

海洋是一座资源宝库

海洋中蕴藏着丰富的生物资源、矿产资源和水能资源。海洋是一座巨大的矿产资源宝库—从滨岸浅海至深海大洋分布着众多的矿产资源—种类繁多、储量可观的海洋资源越来越成为人类生产的重要的原料基地和人类未来矿产资源需求的希望所在。

海洋还是一座能源宝库

海洋里不仅有石油、天然气、可燃冰，海水中还有可供核能发电的氘，那将是取之不尽用之不竭的绿色能源。

核能是人类最具希望的未来能源之一

核能是人类最具希望的未来能源之一。人们开发核能的途径有两条：一是重元素的裂变，如铀的裂变；二是轻元素的聚变，如氘、氚、锂等。重元素的裂变技术，已得到实际性的应用；而轻元素聚变技术，也正在积极研究之中。可不论是重元素铀，还是轻元素氘、氚，在海洋中都有巨大的储藏量。

核聚变

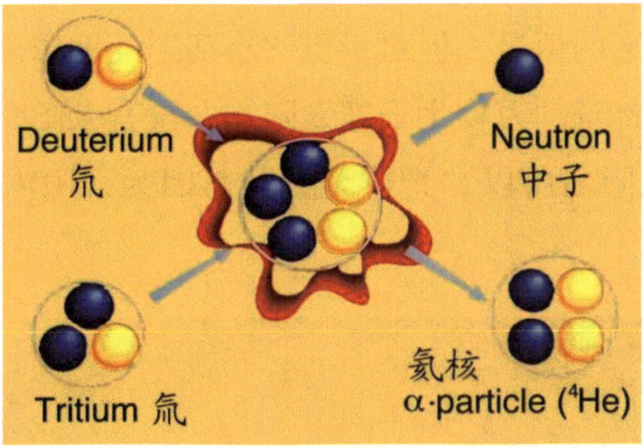

图2－34 聚变示意图

氘和氚都是氢的同位素。它们的原子核可以在一定的条件下，互相碰撞聚合成较重的原子核——氦核，同时释放巨大的核能。1千克氘氚混合物全部发生聚变，将释放出8万吨TNT当量的能量。每1升海水中含30毫克的氘，这30毫克的氘巨变产生的能量相当于燃烧300升汽油所产生的能量，1公斤氢燃料，1万吨优质煤燃料。

厉害了，我的太阳

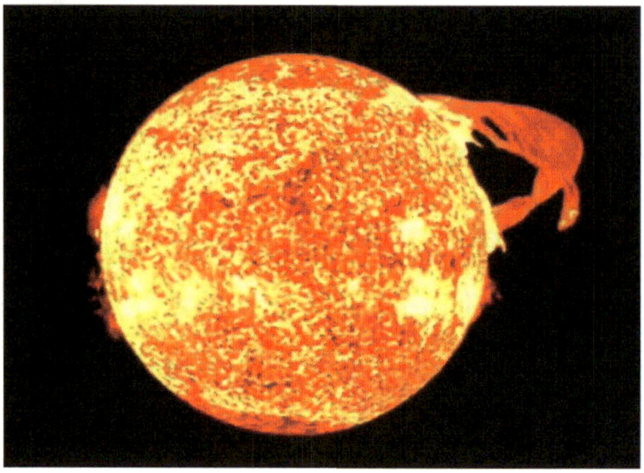

图2－35　太阳

古往今来，吟咏太阳的诗词歌赋数不胜数。其实，在茫茫宇宙中，太阳只是一颗普通的恒星，但对于更“小巧”的地球来说，太阳就是我们的中心，我们都说“万物生长靠太阳”，没有太阳我们将不复存在，可您知道吗，太阳之所以“光热无穷”是因为太阳内部不断发生着核聚变。

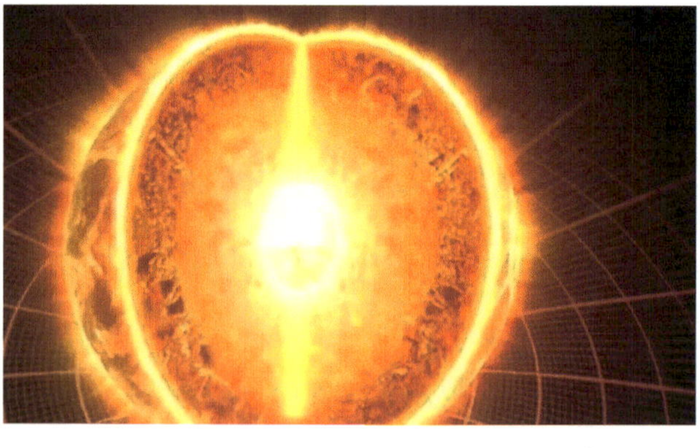

图2－36　太阳内部示意图

可用50亿年!

据估计，全世界海水中所含氘达45×10^4亿吨，这些氘通过聚变所释放的能量，可供人类在很高的消费水平下使用50亿年。而且氘的提取方法简便，成本较低，核聚变堆的运行也是十分安全的。因此，以海水中的氘、氚的核聚变能解决人类未来的能源需求，将展示出最好的前景。

氘－氚的核聚变反应，需要在上千万度乃至上亿度的高温条件下进行。这样的反应，已经在核武器氢弹上得以实现，但核武器中的核聚变反应是不受控的，受控的热核聚变在技术上还有许多难题。不过，随着科学技术的进步，这些难题正在逐步被解决。

1991年11月9日，由14个欧洲国家合资，在欧洲联合环型核裂变装置上，成功地进行了首次氘—氚受控核聚变试验，发出了1.8兆瓦电力的聚变能量，持续时间为2秒，温度高达3亿度，比太阳内部的温度还高20倍。科学家们认为，氘—氚受控核聚变的试验成功，是人类开发新能源的一个里程碑。

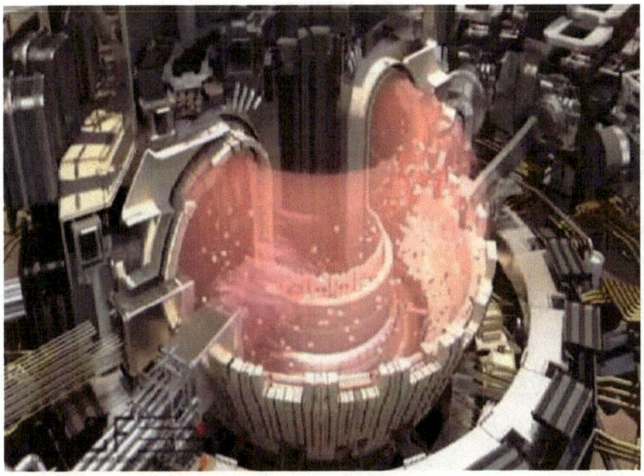

图2－37　热核实验反应堆的运行模拟图

中国也开展了相关研究并取得突破性成就。2017年中国的全超导托克马克装置（EAST）获得长达101.2秒的稳态高速约束模式等离子体，创造了新的世界纪录。EAST成为世界上首个实现稳态高约束模式运行时间达到百秒量级的托克马克核聚变实验装置。

“能源金属”锂

海水中除了氘、氚，还有“能源金属”锂。海洋中每升海水含锂15～20毫克，海水中锂总储量约为2.5×10^{11}吨。随着受控核聚变技术的发展，同位素锂－6聚变释放的巨大能量最终将安全服务于人类。

图2－38　热核实验反应堆的模拟图

如果受控热核聚变的研究取得突破，从海水中大规模提取重水得以实现，海洋就能为人类提供取之不尽、用之不竭的能源。

保护海洋就是保护我们自己

人类与海洋是命运共同体，海洋是座宝库。保护海洋，从我做起，美丽中国，美丽海洋！

第十节 号外！世界上第一辆核动力火星车或发现生命踪迹

探索宇宙奥秘一直是人类的梦想，科技的发达进一步延伸了人类的触角，使其探向茫茫宇宙……

任何位移都需要动力，为了实现这种空间穿梭，人类使用了各种高科技，今天就先说说用于火星探测的核动力火星车。

2011年11月26日，美国宇航局发射了“好奇”号火星探测器。2012年8月6日，在经过56 300万千米的旅程后，“好奇”号成功登陆火星表面的盖尔撞击坑（Gale crater），距预定着陆点布莱德柏利只相差2.4千米，其使命便是确定火星上是否曾经存在生命。

图2－39 “好奇”号火星车

图2－40 “好奇”号2015年10月的自拍

“好奇”号当时被称作有史以来最为先进的火星车，因其具备多项科技本领，比如核动力驱动和X射线衍射分析。

图2－41 采样与分析

化学与矿物学分析仪可通过X射线衍射分析“好奇”号机械臂搜集

到的粉末状岩石和土壤样本，确定其中的矿物晶体结构。该技术属首次在火星上使用。

最近它向地球传回了新消息！

2018年6月8日，海外网报道美国国家航空航天局（NASA）召开新闻发布会，公开了火星新发现——“好奇”号火星探测器在火星上发现了3种有机分子。

图2－42　采样
（选自美国国家航空航天局）

图2－43　采样位置

据路透社报道，“好奇”号在盖尔撞击坑（Gale crater）钻入一块大约35亿年前的细粒沉积岩仅5厘米时，发现了3种不同类型的有机分子。在NASA的戈达德太空飞行中心以及加利福尼亚州帕萨迪纳的喷气推进实验室召开的新闻发布会上，该中心的研究科学家Jen Eigenbrode表示：“我们在古老的湖床岩石中发现了有机分子。”

图2－44 好奇号火星车（2018）

戈达德太空飞行中心太阳系探索部主任Paul Mahaffy说：“有机化合物是生命的基础，这一发现对寻找火星生命意义重大。”

下面说说核动力驱动：

“勇气”号、“机遇”号、“旅居者”号等使用太阳能电池板的火星车受制于火星季节变化，电池板提供的能量也有限。

“好奇”号的动力由一台多任务放射性同位素热电发生器提供，其本质上是一块核电池。该系统主要包括两个组成部分：一个装填钚-238二氧化物的热源和一组固体热电偶，可以将钚-238产生的热能转化为电力。这一系统设计使用寿命为14年，也高于太阳能电池板。该系统足以为“好奇”号诸多仪器的同时运转提供充足能量。

“好奇”号的设计行程超过19公里，并将在火星表面攀登高山。1997年，由“火星探路者”号携带升空的“旅居者”号火星车着陆，其在火星上总行程只有约100米，所到最远处距离登陆点也不超过12米。

第十一节 如何成为钢铁侠?

最近笔者和好友一起去看了火爆各大院线的《复仇者联盟3》。帅气的美队、冷艳的黑寡妇、顽皮的蜘蛛侠……漫威给我们带来了一场超级英雄的视觉盛宴。在众多的超级英雄中，有一位是小编与好基友的最爱。

钢铁侠托尼斯塔克，作为一个麻省理工毕业的天才设计师，他不仅凭借自己优秀的作品建立庞大的工业集团，成为亿万富翁，还靠着自己设计制造的高科技战甲，跻身众多拥有超能力的英雄之间，简直是我等工科男的偶像。

朋友是钢铁侠的头号粉丝，电影刚刚结束，意犹未尽的他问了我一个问题：

“现在的科技这么发达，我们有没有可能制造出钢铁侠身上的装备，成为真正的钢铁侠呢？”

这真是个好问题。看着他一脸期待的认真样子，我仿佛看到了小时候的自己。成为英雄是我们每个人曾经拥有过的梦想，随着我们渐渐长大，逐渐认识到我们每个人的能力其实很有限，这个英雄梦更多的成为伙伴间的笑谈。

但科技的发展使得许多以往的设想变得可能，不仅仅是我的朋友，现在世界上想成为“钢铁侠”的人大有人在，其中还不乏军方和国家支持的科研机构。成为钢铁侠，似乎并不只是单纯的“英雄梦”。

这到底是怎么一回事呢？

钢铁侠和机械外骨骼

钢铁侠给人最大的震撼，是他近乎无所不能的机械外骨骼：拥有飞天遁地的能力，超高的防护性保护着托尼一次又一次免受致命的伤害；可以飞到宇宙中，潜入海底，内置的空调可以保证托尼像在家中一样舒服；可以轻松举起几吨的重物，营救遇难的平民，可以一个人轻松剿灭一队恐怖分子……可想而知，如果这样的技术变为现实，不仅对于军事，对灾难救援等民用领域也将有重大意义。

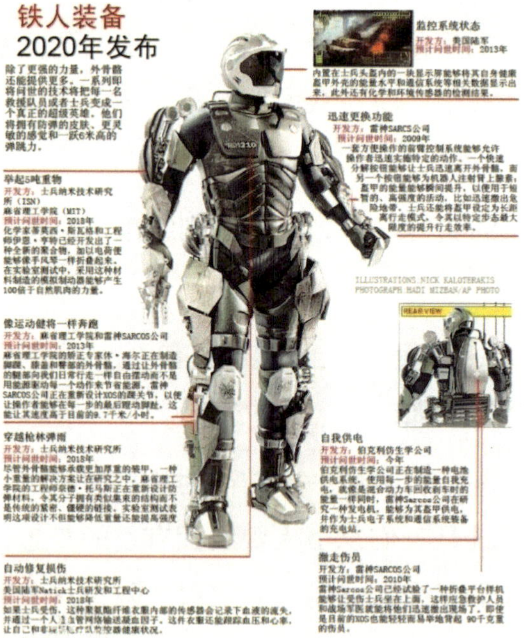

图2－45　机械外骨骼

机械外骨骼或称动力外骨骼（Powered exoskeleton），是一种由钢铁的框架构成并且可让人穿上的机器装置，这个装备可以提供额外能量来供四肢运动。概念最早提出是在罗伯特·海因莱因执笔的科幻小说《星船伞兵》（1960）中。别称：强化服、动力服（Power Suit）、动力装甲（Power armor或Powered armor）、Exoframe、Hardsuit或Exosuit等。凭借这套“服装”，人类就可以成为所谓的“钢铁侠”。

别看动力装甲是一种起源于科幻小说的设想，其实在外骨骼设想的缘起时代（20世纪60年代）这种可以巨幅提升战斗力的设想就引起了美国军方的重视。早在1963年，美国陆军武器研究者谢尔盖·扎鲁德尼发表了一份报告，这份报告描述了一种可穿戴机器外衣的设想，它将使穿着者获得更大的力量。在集成电路刚刚被发明的60年代，显然还不存在实现这个构想的技术。但是这个想法一直没有被遗忘，随着人类科技高速发展，机械工艺、电子技术越来越发达，动力装甲技术从一个幻想，渐渐变得触手可及，40年后的2000年，DARPA（美国国防部高级研究计划局）正式开始了为期7年投资7500万美元的机械外骨骼研究计划。也掀起了世界范围内机械外骨骼研究的浪潮，人们越来越相信，动力装甲有可能成为现实。

到现在，世界各国都有了自己的外骨骼技术：

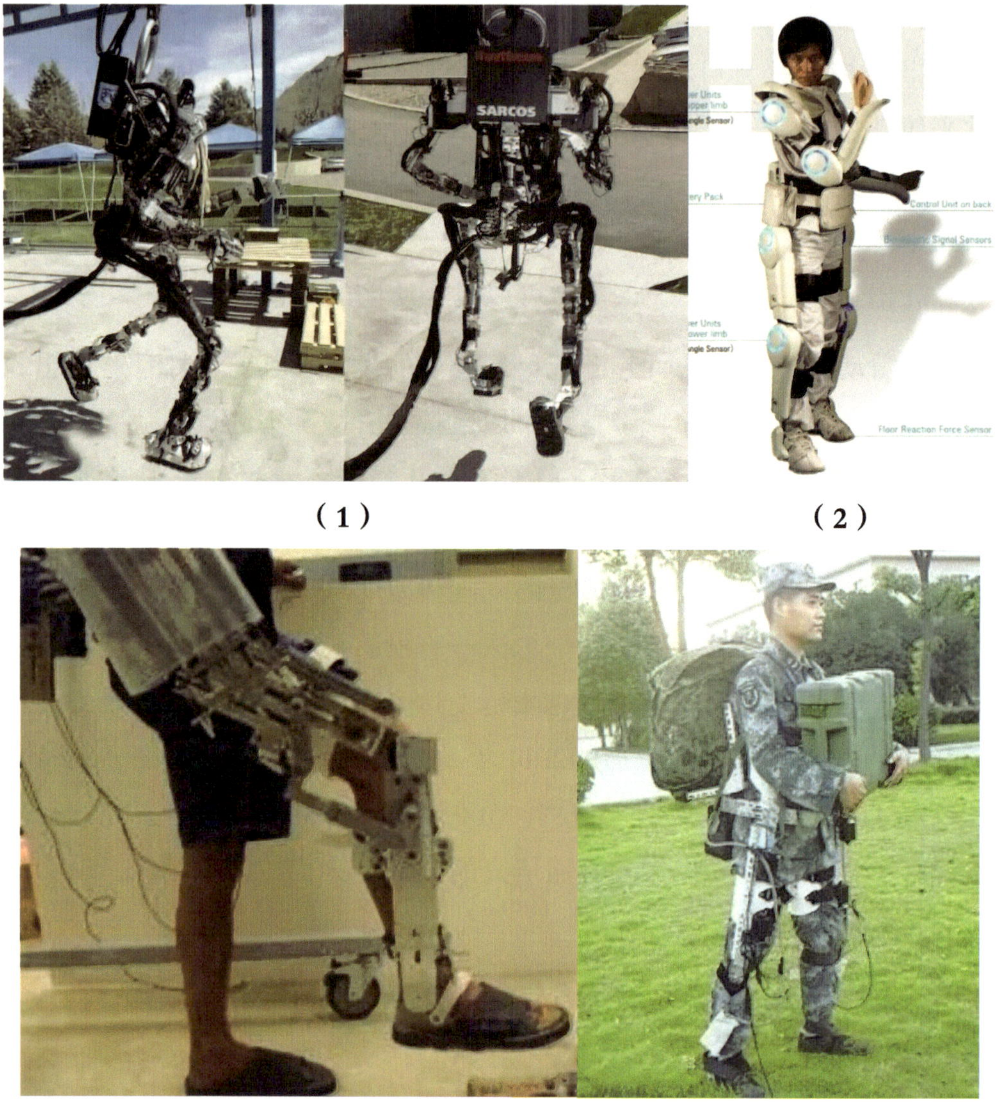

（1）　（2）　（3）　（4）

图2－46　各国研究中的机械外骨骼

但是到现在，人类还没有研究出一种令人满意的外骨骼产品，没有托尼史塔克聪慧的大脑，我们目前被下面这几个主要的问题拦住了道路：

（1）能源动力问题，我们可以看到，基本上现在所有的外骨骼项目都需要连接粗粗的电缆，也就是需要外部的能源供电。

（2）材质问题，如何制造像钢铁侠一样坚固的铠甲？

（3）交互系统，如何通过简单的操作就能控制外骨骼展开复杂的行动？

（4）集成技术，如何将不计其数的电器元件、机械结构和线缆整合到一起？

这些问题中，首当其冲的是能源问题。

F117的设计师巴特·奥斯本（bart osborne）在采访中曾说过一句话“只要推力大，板砖也能飞上天”，被广大军迷传为笑谈的同时，也可从侧面验证，能源动力问题对一种装备究竟有多重要。

能源问题，一切科幻设想绕不开的大问题

钢铁侠身上的供能元件，是钢铁侠胸口泛着蓝色光芒的——方舟反应堆。

图2－47　钢铁侠身上的方舟反应堆

这个原件有着酷炫的外形，超高的能量输出（每秒30亿焦耳，约为三峡大坝的26%），同时安全无辐射，拥有长久而稳定的使用寿命，和极高的生物亲和度。这就是钢铁侠胸前的“方舟反应堆”，钢铁侠一切的力量源泉。

图2－48　钢铁侠拍摄道具

显然这是科幻小说家所设想出的完美能源，为给钢铁侠充足的动力，作者甚至动用了玄幻的力量（新版方舟反应堆使用的是“空间宝石”的力量）。这也是钢铁侠全身上下唯一无法用科学解释，需要魔法来解决的地方。可想而知，目前机械外骨骼的能源问题，解决方案尚处在人类认知之外，连科幻小说家都束手无策。

虽然如此，人类追求完美能源的道路却从未停止。现实中经过科学家们若干年的努力，还真的寻找到一种能源，具有成为完美能源可能性。这就是核能，准确地说，是核聚变。钢铁侠胸前的“方舟反应堆”，就明显是以进行核聚变的“托卡马克装置”作为原型的。

前面我们简单介绍了核聚变下面我们详细介绍下什么是核聚变，什么又是托卡马克装置。

核聚变简介

核聚变（nuclear fusion），又称核融合、融合反应、聚变反应或热核反应。是指由质量小的原子，主要是指氘，在一定条件下（如超高温和高压），在极高的温度和压力下让核外电子摆脱原子核的束缚，让两个原子核碰撞到一起，发生原子核互相聚合作用，生成新的质量更重的原子核（如氦），这个过程伴随巨大的能量释放。

氘和氚都是氢的同位素。它们的原子核可以在一定条件下，互相碰撞聚合成较重的原子核——氦核，同时释放巨大的核能。1千克氘氚混合物全部发生聚变，将释放出8万吨TNT当量的能量。

科学家正在努力研究可控核聚变，核聚变可能成为未来的能量来源。核聚变燃料可来源于海水和一些轻核，所以核聚变燃料是无穷无尽的。目前人类已经可以实现不受控制的核聚变，如氢弹的爆炸。

长久以来，核聚变一直被视为能源研究的圣杯。它代表了一种几乎无限的能量来源，洁净、安全而自持。自从1920年代英国物理学家亚瑟·埃丁顿提出关于核聚变的理论以来，核聚变已经激起了科学家和科幻作家的无数遐想。

从本质上来说，核聚变是个很简单的概念。聚拢两个氢同位素原子，用压倒性的力量把它们撞在一起；两个原子核克服了它们之间天然的排斥力融合到一起，发生反应，释放出巨大的能量。

但是，回报越大，投入也需要越大，而数十年来，我们一直与一个难题缠斗不休：如何为氢燃料提供能量并保持它不逃逸，直到它升温到

8000万度以上？最近的成功进展来自德国和中国：德国的文德尔施泰因7-X反应堆于近期上线，进行了一次成功的实验，达到了接近1亿度的高温；中国的EAST反应堆则成功地将核聚变反应维持了102秒，尽管反应温度更低一些。

不过，尽管有了这些进步，几十年来，研究者们还是在说着同一句话：我们离实用的聚变反应堆还有30年。甚至就在科学家们追寻这座“圣杯”的过程中，事实也越来越清楚——我们仍然不知道我们究竟不知道什么。

我国也早早参与到追逐这盏“能源圣杯”的行列中，除了前述取得巨大成就的“EAST”反应堆外，我国也参与了“国际热核聚变实验堆计划（ITER计划）”。

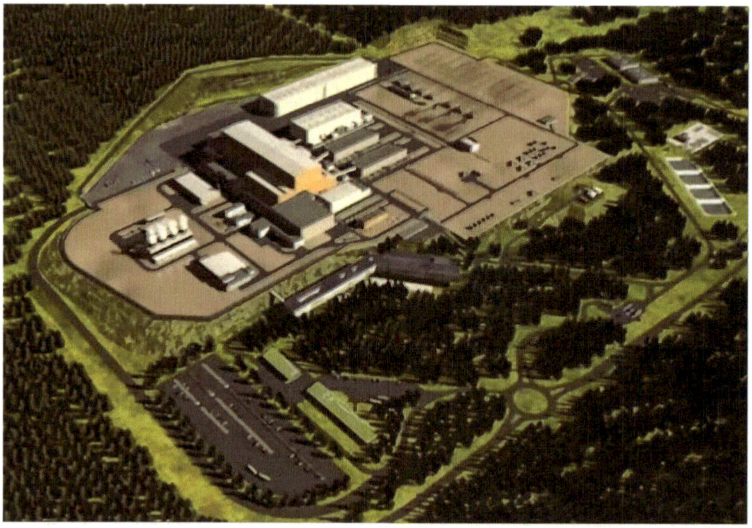

图2－49　ITER厂址规划图

“国际热核聚变实验堆（ITER）计划”是目前全球规模最大、影响最深远的国际科研合作项目之一，建造约需10年，耗资50亿美元

（1998年值）。ITER装置是一个能产生大规模核聚变反应的超导托卡马克装置，俗称“人造太阳”。2003年1月，国务院批准我国参加ITER计划谈判，2006年5月，经国务院批准，中国ITER谈判联合小组代表我国政府与欧盟、印度、日本、韩国、俄罗斯和美国共同草签了ITER计划协定。这七方包括了全世界主要的有核国家和主要的亚洲国家，覆盖的人口接近全球一半。我国参加ITER计划是基于能源长远的基本需求。2013年1月5日中科院合肥物质研究院宣布，“人造太阳”实验装置辅助加热工程的中性束注入系统在综合测试平台上成功实现100秒长脉冲氢中性束引出。

托卡马克装置

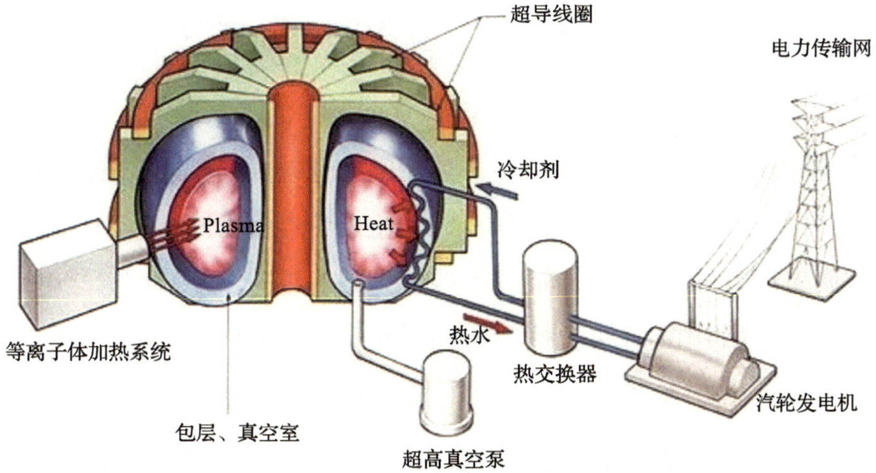

图2－50　一种托卡马克装置

托卡马克，是一种利用磁约束来实现受控核聚变的环形容器。它的名字Tokamak来源于环形、真空室、磁、线圈。最初是由位于苏联莫斯科的库尔恰托夫研究所的阿齐莫维齐等人在20世纪50年代发明的。托卡马克的中央是一个环形的真空室，外面缠绕着线圈。在通电的时候托卡马克的内部会产生巨大的螺旋形磁场，将其中的等离子体加热到很高的温度，以达到核聚变的目的。

结语

与魔幻作品相比较，科幻作品从诞生的伊始就不仅仅是人类单纯的想象，而是对未来合理而大胆的想象。依稀记得小学时看过的小灵通漫游未来，其中儿时觉得无比惊讶的眼睛嵌入镜片、口袋电视、自动驾驶等技术，都已经被十分成熟的应用。钢铁侠在现在，也许还是人们不成熟的想象，但是相信在十年二十年，甚至三五十年后，科技的曙光将照亮梦想，带领人类一次次突破极限。

第十二节　放射医疗我们该知道的

随着核科学技术的不断发展，其在医疗领域的应用也不断扩展，目前已与普通公众的生活密不可分，应用主要包括放射性诊断和放射治疗两个方面，即使用放射性核素、射线装置进行临床医学诊断、治疗和健康检查。诊疗所用的射线包括放射性同位素产生的α、β、γ射线和各类射线装置产生的X射线、电子线、质子束及其他粒子束等。

这些射线也就是我们常说的辐射，都与我们常说的核技术有关。

一提到“核”，很多人首先想到的是核爆炸或核事故给人类带来危害，人们对射线普遍存在恐惧心理可谓谈“核”色变，认为辐射一定会使人体受到辐射损伤、致癌、致畸等。

最近北京又发生了一件与放射检查有关的让人心痛的案例。

（1）交通事故与放射检查

2017年年底，施女士在骑车经过路口时与黄师傅驾驶的小轿车发生交通事故。事发后，黄师傅将施女士就近送往医院接受治疗，并进行了全身检查，包括X光放射检查。

（2）主动流产导致精神伤害

令人意外的是施女士在接受完检查后，发现自己已经怀孕了，但考虑到自己曾接受过X射线检查，担心辐射会对胎儿产生影响，于是接受了流产手术，但流产的结果对其造成了严重的精神损害。因认为流产与司机的侵权行为有因果关系，施女士将黄师傅及保险公司起诉至法院，除医疗费外，还索赔精神损害抚慰金1万元。施女士主张，当时她并不知道自己怀孕，故而才接受了X光放射检查。

（3）无直接因果关系未获支持

海淀法院审理认为，案件的争议焦点在于流产的后果与本次交通事故之间是否存在直接因果关系。根据法律规定，侵权行为与损害结果之间存在因果关系，是承担侵权责任的主要构成要件之一。

本案中，施女士作为主张侵权责任的一方，对于流产手术与交通事故之间存在直接因果关系负有举证责任。但根据现有证据，仅能看出施女士进行了流产手术的客观事实，不足以证明该流产手术系交通事故导致，且施女士亦未提供医院等专业医疗机构医嘱、建议等证据证明因交通事故其必须进行流产手术，故依据现有证据材料和查明事实无法认定施女士流产手术与涉案事故存在直接的关联性，其不应依据流产手术主张精神损害赔偿。

最后，法院判决保险公司在交强险范围内赔偿施女士医疗费、住院伙食补助费共计1万元，护理费、误工费共计6000元，财产损失200元，在商业险范围内赔偿施女士医疗费8000元，对于精神损害抚慰金的诉求不予支持。（北京晨报，2018年6月20日A11版）

不管怎么样，事情已经发生，真心希望当事人尽快走出困境，尽快好起来。这件事情有很多地方值得反思，比如注意交通安全。同时，也反映出公众对放射性医疗有一定的了解，对辐射有一定的认识，但更多的是“谈辐色变”认为受到辐射一定会产生严重的影响。

其实，人类无法回避辐射

公众对辐射某些认识的不客观性是可以理解的，毕竟辐射“看不见摸不着”，对普通公众来说辐射是神秘的，对这种可能“伤人无形”的事物、这种“未知”的事物，人类有着天然的恐惧。

但事实上，辐射其实与人类生活息息相关，可以说人类无法回避辐射，空气、食物、土壤、建材中存在着多种天然放射性核素，使我们每日都要受到天然的本底照射，总之人类受到天然辐射源电离辐射照射是持续性的、不可避免的。天然（电离）辐射照射主要来自两个方面：进入地球大气层的高能宇宙射线粒子和地壳中原生的、在环境中到处存在的放射性核素，包括土壤、空气、水、食物和人体内存在的放射性核素。联合国原子辐射影响委员会（UNSCEAR）对天然辐射源的照射进行着持续的评估，并定期向联合国大会报告，给出了各种天然辐射成分引起的正常照射范围，世界公众的年平均有效剂量的范围一般预期在1～10 mSv（毫希沃特），估计的中值是2.4 mSv（见UNSCEAR 2000年向联合国大会提交的报告及科学附件）。我国也对天然辐射进行了评估，估算的平均值约为3.1 mSv。除了天然辐射外，现代人也会受到人工辐射的影响，比如体检时拍X片时的辐射照射。

辐射在医疗领域（放射诊疗）可造福人类

作为一种高新技术，放射诊疗，即放射诊断和放射治疗，确实给人类疾病救治、延缓痛苦以及延长寿命带来了福音。下面让我们介绍一下什么是放射诊断、放射治疗。

通俗地来说放射治疗（俗称放疗）就是利用射线直接治疗，比如杀死病灶细胞，而放射诊断则是利用射线来发现、诊断病及病情，为进一步治疗提供支持或辅助。

放射诊断是指利用X线、超声和核素的γ线等射线透过人体后，使人体内部结构和器官在荧光屏上或胶片上显出影像，从而了解人体形态结构、生理功能及病理变化。放射诊断技术主要包括X光机、CR和DR 、CT、乳腺机、牙片机、DSA、PET/CT和SPECT等。

放射治疗指用射线消除病灶，是一种针对肿瘤的物理疗法，放射治疗发展较快。在CT影像技术和计算机技术发展帮助下，现在的放疗技术由二维放疗发展到三维放疗、四维放疗技术，放疗剂量分配也由点剂量发展到体积剂量分配，及体积剂量分配中的剂量调强，其主流包括立体定向放射治疗（SRT）和立体定向放射外科（SRS）。立体定向放射治疗（SRT）包括三维适形放疗（3DCRT）、三维适形调强放疗（IMRT）；立体定向放射外科（SRS）包括X刀（X-knife）、伽马刀和射波刀（Cyber Knife），X刀、伽马刀和射波刀等设备均属于立体定向放射治疗的范畴。

放射诊疗临床运用会越来越广泛

以常见的X射线为例，X线作为临床医生诊疗病情的好帮手，由于X线机可感受不同物体的X线衰减，因此可以“看到”皮肤以下的结构，如骨骼、软组织、肺等。通过引入对比剂，它还可以显示出胃、肠、肾等的轮廓。在它的帮助下，我们可以发现许多器官的病变。随着科学技术的发展，以X线为基础的医学成像技术也迅速发展，各种X射线，如CT、X刀、γ刀、PET、数字减影血管造影等在临床上也运用得越来越广泛。

任何事物都具有两面性。没错，辐射是把双刃剑，它可能会对人体造成不良影响

放射诊疗是对辐射的应用，辐射能杀死病灶细胞也能杀死正常组织细胞，如何“趋利避害”利用辐射造福人类，同时尽量降低其对人体不好的影响，是一代又一代辐射防护工作者的追求。随着人们对辐射认知的不断进步以及科学技术的发展，逐渐形成了比较确切的辐射安全与防护理念和应对措施。

人们研究发现这种影响与人们接受辐射的“量”有关，只有在达到一定剂量并持续一段时间之后，才会对人体产生伤害，剂量越大损伤越显著。同时，也与受照面积有很大的关系，受照面积越大危害越明显。辐射与人体本身也有很大的关系，婴幼儿、性腺和淋巴等组织敏感易受损伤。为了度量辐射，科学家们给出了“希沃特”和“戈瑞”两个单位。

希沃特（Sievert，单位符号是Sv，简称希）

希沃特是剂量当量单位的专用名称，每千克组织吸收1焦耳的能量即为1希沃特，希沃特是非常大的单位，常用毫希沃特（mSv）来表示剂量当量，1 Sv=1000 mSv。

戈瑞（Grey，单位符合是Gy，简称戈）

戈瑞是吸收剂量的专用名词，每千克组织每小时吸收1焦耳的能量即为1戈瑞，通常也用毫戈瑞来表示，1 Gy=1000 mGy。

希沃特表示辐射的剂量，而戈瑞表示吸收的剂量。1 Sv的辐射被1 kg组织完全吸收就是1 Gy，而人体不同组织器官对辐射的吸收也不同，具有不同的吸收率，如肺部约为0.12，即肺部受照射1 Gy则相当于全身受照射0.12 Sv。

有了度量单位，人们就可以度量出每次照射、不同照射对人体产生的辐射剂量，从而比较精准的将辐射影响控制在安全范围之内。表2－1给出了急性单次照射下确定相应的阈值和常年接触照射下确定相应的阈值，供大家了解。

表2−1　不同器官在不同照射下确定性效应的阈值

组织	累积阈值（年剂量/mSv）	单次阈值（单次剂量/mSv）	效应
眼	5000	500～2000	晶体混浊
眼	8000	5000	发生白内障
睾丸	400	150	暂时不育
睾丸	2000	3500～6000	永久不育
卵巢	6000	2500～6000	不孕
骨髓	400	500	造血功能低下

流行病学统计研究表明：当人体一次接受急性照射辐射剂量低于100 mSv时，医学上观察不到对人体的确定性效应，即明显的组织损伤。

下面给出几种常见放射诊疗的剂量

目前，人们接受最多的辐射则来自医学诊断，包括X线和CT，超声和磁共振（MRI），其中超声和核磁共振不会产生辐射。

一次X线胸片大概为0.02 mSv；

一次头颅CT扫描2 mSv，一次胸部CT扫描3 mSv，剂量最大的是腹部CT扫描，一次约5 mSv；

这些辐射对人体会造成伤害吗?

从上面可知，要在一次接受100 mSv以上的放射剂量才可能会对人体造成伤害，而在医学检查中，X射线、CT等放射剂量都在100 mSv以下，因此，医学检查一般不会对人体造成伤害。

放射性检查的原则

即便如此，对于放射性（辐射类）检查也要注意因人而异，不同人群不同对待，一般人应该尽量避免不必要的检查，但如果因为疾病治疗的患者，该做的检查要做。一般可坚持这样的原则：

（1）首选无辐射类的检查项目，如超声波、核磁共振检查；

（2）由于病情需要，确实要接受辐射类的影像检查时，应该听从医生的安排，因为医生会最合理地考虑“正当性”原则，实施最恰当的检查；

（3）在接受有辐射的影像检查时，应该进行合理的辐射防护；

（4）接受完有辐射的影像检查后，不必担心辐射的危害，因为正规的放射诊断不会产生不可接受的影响的。

对于医疗单位来说，在判断诊断放射学检查的正当性时，应掌握好适应证，根据临床目的和患者个人特征，并考虑有关的准则对其进行正当性判断，注意避免不必要的重复检查，尽量以X射线摄影代替透视检查。对于育龄妇女和孕妇施行X射线检查的正当性更应慎重进行判断，检查应遵循国家有关标准的防护要求，尤其是腹部或骨盆部位的X射线诊断检查，应慎重考虑其正当性，采取必要措施避免潜在的胚胎或胎儿意外受照，申请医师和放射科工作人员均应切实履行法规标准规定的职责。对于确实需要进行检查的，应采取防护最优化行动，尽一切合理的努力将胎儿剂量降低到与诊断目的相称的最低水平。对于意外或因急诊情况受照的，应由合格专家对患者提供必要的医学咨询和胎儿剂量估算。

ICRP于2013年发布了《儿科放射诊断与介入放射学的放射防护》（ICRP121号出版物），该出版物明确指出，以下检查是非正当的：伴有癫痫症/头痛症状的婴儿或儿童的头颅X射线摄影检查；6岁以下儿童怀疑有鼻旁窦炎的鼻旁窦摄影检查；伴有无创伤斜颈的婴儿或儿童的颈椎X射线摄影检查；四肢损伤相对侧的对比性X射线摄影检查；6岁以下儿童的舟骨X射线摄影检查；3岁以下儿童的鼻骨X射线摄影检查等。

敏感人群要注意

除了普通人之外，还有一些敏感人群，比如孕妇和儿童，简单来说，儿童或孕妇尽量避免，对于儿童和生育期的妇女尤其是孕妇而言，应该尽量避免X线和CT检查，与成人比较，小宝宝和儿童对辐射的敏感度的确更高，辐射的潜在危害主要是致癌效应，而儿童的发生概率约为成人的数倍，一般认为约3~5倍。在病情需要必须进行检查的情况下，一定要做好防护。

多数情况下可以采用没有辐射损伤的超声和磁共振检查，如心脏、腹部和盆腔等；核磁共振对头颅、脊柱、四肢关节以及软组织等的诊断效果较好。

但过度担忧没必要

2017年，美国妇产科医师学会（ACOG）临时更新妊娠和哺乳期诊断性影像学检查指南，用以替代2016年2月发布的第656号委员会意见，文章主要聚焦于妊娠期MRI和钆暴露的相关内容，推荐意见中关X射线、CT的是：一般情况下，X线成像、CT和核医学成像技术的射线照射剂量远低于导致胎儿有害的照射剂量。所以当妊娠期必须要使用这些影像学检查来解决临床问题时，不应将其排除在外。

所以对于放射性检查也不必过紧张，有研究认为孕期所接受的辐射量不超过50 mSv对胎儿是没有影响的，大部分X线检查的单次剂量都不超过1 mSv，换算到胎儿接受的剂量，即使按最保守的估算也要拍片几千次才可能超过这个标准。

美国医学物理师协会（AAPM）于2011年12月发布的《关于医学影像检查辐射风险的立场声明》中说：AAPM认识到在满足诊断信息的同时，应以最低的辐射剂量获得成像信息；对于单个成像程序有效剂量低于50 mSv或者短期内多个成像程序有效剂量在100 mSv以下，其辐射危险很低，以至于探测不到这样的风险，或者这种风险可能是不存在的。在如此低的剂量照射下，对患者群体假设癌症发生率和死亡率的预言，具有很高的推测性，应加以劝阻。这种预言是极其有害的，因为这可能导致在公众媒体中出现一些耸人听闻的文章，使得一些患者和家属拒绝进行医学影像检查，由此不仅得不到医师所开具的医学成像带来的临床好处，反而对患者会造成更大的风险。

再看看国际放射防护委员会（ICRP第84号出版物）的观点：在胎儿吸收剂量低于100 mGy的情况下，基于辐射危险而作出终止妊娠的决定是缺乏正当性的。绝大多数X射线检查的宫内照射剂量及其健康危险水平是安全的，很少有正当理由来终止妊娠。

但无论如何，对医疗单位来说，医疗照射的正当性必须科学判断、认真执行，尽可能减少不必要的照射。

此外，针对身边接受放射诊疗的病人也有些需要注意的地方

出于诊断或治疗的目的注射或摄入放射性药物的病人一定要意识到自己的体内已经有了放射性核素，自己相当于一个小小的放射源或辐射体，应该自觉地远离他人，尤其是远离孕妇与儿童，病人应尽量避免搭乘公共交通工具或前往公共场所。

出于辐射安全的考虑，病人的活动区域以及出院时间是受到严格控制的，应在专用候诊室候诊，只有当其体内的放射性药物活度降至一定水平后才能出院。

需要说明的是，并不是所有影像学检查时口服或注射用的药物都有放射性，如胃肠道检查时用的钡餐、CT检查时用的增强造影剂等就不含放射性。

参考文献

[1] 刘长安，陈尔东. 孕妇接受X射线检查的特殊辐射防护问题. 现代仪器，2011,17（2）:4-7.

[2] 岳保荣. 中国疾病预防控制中心.医用辐射防护中的热点问题，2018.

[3] 夏益华. 电离辐射防护基础与实践. 北京:中国原子能出版社，2011.

[4] 袁赞. 北京妇产医院. X射线究竟对胎儿影响有多大？2016.

[5] 佘可谊. 北京协和医院. 孕妇能接触X线吗？照了X光片却发现早孕了，还能要宝宝吗？2016.

第十三节 “舒贝兄，请速快递你的胸腔”

地球不过是茫茫宇宙间恒河沙数的一粒沙子，在这个地球上，人类繁衍生息，形成了人类历史。相对于漫长的人类历史，个人的轨迹就如一刹那，即便如此，有些人的光芒足以光照后世，这些人常被称为名人。当我们谈论这些名人时，我们更关注的往往是他们的事迹、取得的成就，却忽视了他们身上的品格。事实上，正是他们的品格造就了他们的成就。

如今，我们渴求创新、技术的进步、安全水平的提升，往大了说是实现国富民强，对个人来说，则是实现自我。然创新难、突破难，或许从一些历史人物的轨迹中能找到值的借鉴的东西。

今天就来分享一个这样的历史人物轨迹，他揭开了原子时代的序幕。

我们知道，X射线的发现是19世纪末20世纪初物理学的三大发现（分别是：1895年发现X射线、1896年发现放射性、1897年发现电子）之一，这一发现标志着现代物理学的产生。其发现为诸多科学领域提供了一种行之有效的研究手段，对20世纪以来的物理学以至整个科学技术的发展产生了巨大而深远的影响。

让我们从他的一个故事开始，其实，名人们也有着普通人的幽默。

1895年，德国物理学家威廉•康拉德•伦琴偶然发现了X射线与治疗人体疾病的关系，并取得了很大的成功，结果引发了很多科学家的嫉妒，包括当时比伦琴更年长也更知名的科学家舒贝在内，很多人评判伦琴是个“不务实的家伙”，因为X射线是不可见的。

有一天，舒贝满怀醋意地故意给伦琴写信刁难他说：“伦琴先生，我的胸中残留着一颗子弹，需要用你的X射线来治疗，请你邮寄你的X射线给我吧，另外写一份使用说明书一起寄给我，我相信你不会拿不出来的，我们都知道，你是一个务实的科学家。”

伦琴收到这封信后一看就知道了，这是舒贝在为自己设局呢，对方的意思很明显：如果你不把X射线邮寄过来，那就代表着你确实是个不务实的家伙，因为只有虚幻的东西才没办法邮寄。

伦琴顿时陷入了两难之中，要寄吧，这X射线还真不是一个可以邮寄的东西，但如果自己对这封信置之不理，那么舒贝就会笑自己缺乏应对的底气和能力；如果写信对舒贝细细解说X射线的理论，恐怕也不会得到舒贝的尊重与理解，写得再详细也是白搭，到底怎么办才好呢？伦琴再三思虑后终于有了办法，他根据舒贝的信件内容写了一封“针锋相对”的回信，他在信中说：“实在对不起舒贝先生，现在我手头的X射线刚好用光了，而且射线太长，真的没办法邮寄，这样吧，你把你的胸腔寄过来吧，我帮你检查检查，我知道你是一个比我更务实的科学家，你一定不会拿不出你的胸腔吧？”

舒贝收到伦琴的回信后，脸顿时红了，他本想将伦琴一军，没想到却反过来被伦琴将了一军，使自己落进了一个难堪的局面里。不过也正因如此，舒贝反而被伦琴的智慧所折服了，多年后，舒贝不仅称赞伦琴是一个改变人类命运的科学家，还是一个优秀的语言学家。

【伦琴生平简介】

▼

图2－51 威廉·康拉德·伦琴

伦琴，1845年生于普鲁士的来尼斯，年轻时就读于荷兰机械工程学院和苏黎世物理学院，1869年获得哲学博士学位。学业结束后，先在维尔茨堡大学物理实验室任助教，随后在斯特拉斯堡物理学院任讲师。教学六年，便成为霍恩海堡农业专科学校的教授。1876年，伦琴主持吉森大学物理学讲座达9年之长。随后，耶拿大学和乌得勒兹大学都留下了他的足迹，从1894年开始，伦琴担任维尔茨堡大学校长和慕尼黑物理研究所所长。1895年，伦琴经过继续反复实验，发现了一种射线，称之为X射线，他因此而誉满全球。伦琴在50年的研究工作中，共发表了50多篇论文，由于他的多方面成就，除获得了第一届诺贝尔物理学奖外，他还获得普鲁士二级王冠勋章、英国皇家学院伦福德奖章、哥伦比亚大学巴纳德奖章等。

【发现X射线的意义】

▼

15世纪末16世纪初，建立在实验基础上的经典物理学在欧洲迅速发展，到19世纪末已经取得了辉煌的成果。当时，许多物理学家都认为，这一领域基本的、原则性的问题已经解决，后面的工作只是进一步修正和补充细节。但随着X射线这一发现，现代物理学之门在人们面前訇然开启，偶然的瞬间将物理学研究引向了一个新境界。

同时，也诞生了放射学这一新兴学科。

【发现X射线的当天】

▼

那天（1895年11月8日），直到傍晚，伦琴还在德国维尔茨堡大学物理研究所进行实验。为了准确观察阴极射线的荧光作用，伦琴用黑纸将实验用的放电管严密地包裹起来，以免放电管受到外界环境干扰。准备就绪后，他接通了放电管的高压电源。在黑暗中，他看到一米以外的实验屏上闪烁着绿色的微光。

伦琴想，也许是黑纸没有包严，于是仔细查看了包裹情况。但当他再一次接通电源时，绿色的闪光又出现了。这使得伦琴大为震惊，他再三重复这一实验，每次都将实验屏挪远一点儿，直至2米远的距离仍然能清晰地看到闪光。伦琴确信这不是阴极射线造成的，因为阴极射线在空气中的穿透力只有几厘米，这是一种新的射线。他用一本书挡在荧光屏前，这神奇的光线竟能透过这本书。这一发现紧紧抓住了伦琴的心，他迫不及待地用各种办法对新射线进行了测试。

结果证明，这种射线是从阴极射线轰击的玻璃管内壁上发出的，它能够透过玻璃、硬橡胶、木板以及除去铅和铂以外的金属，而且在通过棱镜时不会被折射和反射，也不会因磁铁干扰而偏转，还能够使照相底片感光，更使他惊叹不已的是自己的手出现在底片上时竟是一副骨骼像！伦琴再也无法抑制自己的激动心情。在给好友的信中，他写道："我高兴极了！我要当面试给你看……我终于发现了一种光，我也不知道那是一种什么光……无以名之，就把它叫做X光吧。"

【严谨的公布】

▼

伦琴充分地认识到这项发现的重要性，也急于将它公布出来。但他知道这项发现的意义，不敢在没有得到充分资料的情况下贸然公布（数年后，有人问他在发现X射线时想些什么，他回答说："我不想什么，我只做实验"）。

他狂热地实验了七个星期后，终于在1895年12月28日写出了他的第一篇论文。在这篇论文里，他不仅宣布了这项发现，而且还报告了X射线的所有基本特性，如其电离气体的能力及其不受电场或磁场的影响等。

伦琴于1896年1月23日作了首次关于新现象的演讲。在他讲完后，便征求自愿应试的人，当时近八十高龄的克利克（瑞士解剖学家和生理学家）走上前来，伦琴给他的手照了一张X光相片，这张照片显示出一位八十老人的形状优美的手骨。

于是狂热的欢呼和对X射线的兴趣席卷了欧洲和美洲。

【世界上第一张X光片】

▼

发现X射线后，伦琴用这种射线拍摄了他夫人的左手的照片，显示出手的骨骼结构，从而才有了这张世界上第一张X光片。据说那枚戒指是他们的订婚戒指。

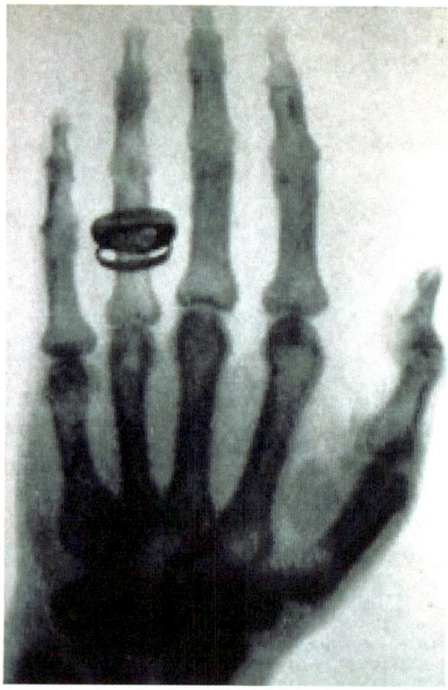

图2－52　当年伦琴妻子左手的X光照射图

【达克斯的胃里有一枚纽扣】

▼

这估计是世界上第一张狗的全身X光片。

1895年年底，伦琴和他的好友、私人医生维林盖尔进行了一次更大胆的尝试。他们用18块感光板为一只名叫达克斯的小狗拍摄了全身X光片。底片显影后，达克斯的骨骼图像犹如拼图玩具般展现在他们面前。这时医生忽然指着图像上一块带有四个小白孔的黑色圆斑，“快看！里达克斯的胃里有一枚纽扣”，伦琴也惊喜地喊了起来，“对呀，如果一根缝衣针或是大头针进到人体内，医生用这个方法就可以知道针所在的部位，这样手术时就能准确地找到它们！”

维林盖尔医生再也抑制不住自己的兴奋，激动地说道：“对您这个发现的意义，实在难以作出恰如其分的估量，想想看，有那么多人患有肺病，但迄今为止还没有一个医生能准确诊断出肺部损坏的程度，而现在，由于您的这一发现，诊断这种病才能成为现实！”

伦琴发现X射线的消息传到美国才四天，美国人就用X射线找出了一个病员腿上的子弹。从此，射线为医学诊断提供了新的工具。

图2－53　伦琴工作过的实验室

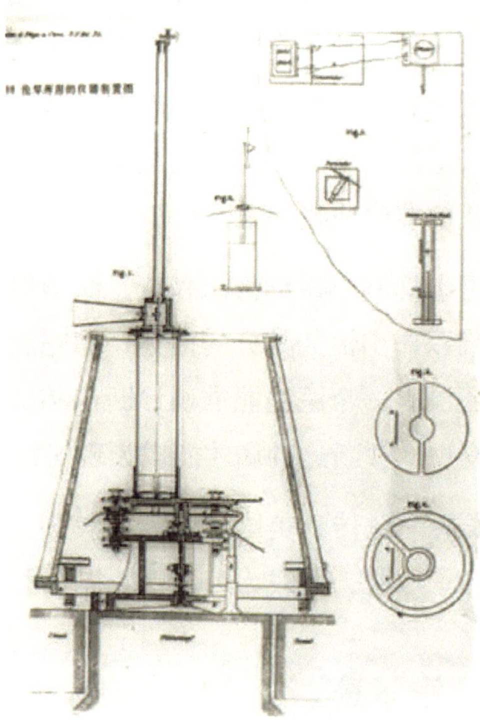

图2－54　伦琴所用的仪器装置图

【我的发明属于全人类】

▼

1895年12月28日，伦琴向维尔茨堡物理医学协会提交了题为《一种新的射线·初步报告》的论文，阐述了产生X射线的方法和射线穿透各种物质的功能。接着又分别于1896年3月、1897年3月完成了题为《一种新的射线•续篇》和《关于X射线的第三次报告》两篇论文，并制成世界上第一个X射线管。

一些商人发现制造X光机是个发大财的好机会，纷纷出高价请伦琴转让专利。一位企业家说："为什么您不想以此来赚钱呢？我出50万！"伦琴淡然一笑，答道："我的发现属于所有的人，但愿我的这一发现能被全世界科学家所利用。这样，它就会更好地服务于全人类……"伦琴毫无保留地把X射线技术公之于世。

【开启原子时代序幕】

▼

不久，X光机在世界各地陆续问世，并被广泛应用于人体疾病的透视与治疗、光电效应研究、晶体结构分析、金属组织检验、材料无损探伤等方面。接着，法国物理学家贝克勒尔，在对X射线的研究中发现，铀矿石也可产生使照相底片感光的奇怪射线；经过系统研究，1898年居里夫妇将此性质定名为放射性，并发现了镭。1901年，伦琴荣获首届诺贝尔物理学奖。随后，贝克勒尔与居里夫妇共同获得了1903年度的诺贝尔物理学奖。就这样，20世纪的物理学革命以空前的速度到来了。

【为什么是伦琴？】

▼

其实，X射线早已出现过，只是被忽略了。

1836年，英国科学家迈克尔·法拉第发现，在稀薄气体中放电时会产生一种绚丽的辉光。后来，物理学家把这种辉光称为"阴极射线"，因为它是由阴极发出的。

1861年，英国科学家威廉·克鲁克斯发现通电的阴极射线管，在放电时会产生亮光，于是就把它拍下来，可是显影后发现整张干版上什么也没照上，一片模糊。他以为干版旧了，又用新干版连续照了三次，依然如此。克鲁克斯的实验室非常简陋，他认为是干版有毛病，退给了厂家。他也曾发现抽屉里保存在暗盒里的胶卷莫名其妙地感光报废了，他找到胶片厂商，说其产品低劣。

1890年，美国科学家古德斯柏德在实验室里偶然洗出了一张X射线的透视底片。然而实验室的人都不知道如何解释这种现象，更没细想，而是归因于照片的冲洗药水或冲洗技术。

1892年德国物理学家赫兹已证明阴极射线能穿过薄铝片。同年德国物理学家雷纳德制造了有薄铝片窗的阴极射线管，并观察到管外数寸远的荧光板有荧光，照相底片也能感光。阴极射线虽能穿过铝片但不能经空气运行，这一现象使他困惑不解。

机遇就这样擦肩而过，一个伟大的发现与他们失之交臂，直到伦琴发现了X光，才恍然大悟。

【创新所需的精神】

▼

虽然伦琴的发现也具有一定偶然性，但是若没有他几十年实验工作中培养的敏锐观察力，X光也许还要沉睡若干年。

德国著名物理学家冯·劳厄（1914年诺贝尔物理学奖获得者）评价道：“伦琴的伟大之处在于，为数众多的，甚至是杰出的物理学家，在伦琴之前利用同样的辅助手段进行了实验，然而他们未能发现这些现象。伦琴向完全未被研究的领域进军，这除了敏锐的目光，还要有巨大的勇气和自制力。”

1894年伦琴当选维尔茨堡大学校长。在一次演说中，伦琴说了这样一段发人深省的话：“实验是最有力最可靠的手段，它能使人们揭开自然界的秘密……对每一个现象应该首先从一切细节上尽可能最准确地进行观察和描述，只有在此之后才可以大胆加以解释。”

伦琴的伟大发明至今还在造福人类！除了这些，伦琴留给我们的还有：

有勇气、有坚持、不盲从、不想当然、严谨的求证、谨慎的公布、大公无私……

如今，国家对科研、创新“求贤若渴”，从这些历史名人身上，我们是否能有所借鉴呢？

参考文献

[1] 中国科学院高能物理研究所. X射线的发展历程. 2009.
[2] 司徒光. 伟大的发明——记德国物理学家伦琴. 医疗保健器具, 1995(6).
[3] 唐效英. 把你的胸腔寄过来吧. 文史博览, 2017(7).
[4] 雷素范. 伦琴. 光谱实验室, 1990(Z1).
[5] 赵钢. “我的发现属于所有的人”——记X射线发现者伦琴. 世界知识, 1995(19).
[6] 潘屏南. 伟大发现　不朽业绩——纪念伦琴诞生150周年,发现X线100周. 中国医疗器械信息, 1995(02).
[7] 搜狐网 他借助妻子的手，拍下了世界上第一张X光照片. 2018.

第三章 核与辐射安全篇

第一节 “脏弹”脏在哪里？

近期，反恐题材的国产电影火爆国内各院线，有些电影还涉及恐怖组织企图利用“黄饼”“脏弹”等策划核与辐射恐怖袭击的情节。究竟什么是“黄饼”，什么又是“脏弹”？为什么说“脏弹”不脏？

什么是“黄饼”？

“黄饼”是铀的氧化物，是核燃料生产过程中必需的中间产品。通常是从粉碎后的天然铀矿石经工艺加工而来，主要成分是重铀酸铵，黄色，常加工成饼状，因此称为“黄饼”。“黄饼”名称源于最初的生产工艺产出的非纯净成品的颜色和形态，通过现代科技生产的“黄饼”实际上呈褐色或者黑色，而不是黄色。黄饼经过铀转化和铀浓缩后可成为核反应堆或核武器用的浓缩铀，它的铀浓度很低，大概只有0.7%左右。构成“黄饼”物质（U_3O_8）的化学性状较为稳定，如果密封保存，不会对人体构成危害。不过，一旦人体直接接触，可能吸入“黄饼”粉尘，会对人体产生一定的影响。

图3-1 “黄饼”原料

什么是“脏弹”？

“脏弹”又称“放射性炸弹”或“散布放射性装置”（Radioactive dispersion device，RDD），是一种大范围传播放射性物质的武器。“脏弹”之“脏”，并非传统意义上的不清洁，而是由于它能产生核辐射，污染环境，因此称为“脏弹”。

管住“脏弹”的源头

“脏弹”的危害，取决于放射性材料类型、含量和自然环境条件等。这里的放射性材料即放射性物质，其来源，一般是放射源（如各种用途的钴-60源、铯-137源）、核燃料循环链的部分产物等。

如果从源头上，将制造“脏弹”的必要原材料（放射性材料）管住，就会大大降低“脏弹”袭击发生的可能性。自核行业发展以来，我国逐步建立了与国际接轨的放射性材料监督管理体系，目前取得了良好成绩。

（1）放射源的管理

我国对放射源实施“从摇篮到坟墓”的管理，给每枚放射源设置一个“身份证号”，对它们实行生产、销售、使用、退役、处置“一条龙”的全过程监管。同时建立了全国核技术利用监管系统，实施动态监管。

与我们每个人一出生就有身份证号码一样，放射源的“身份证号”是在生产厂家或者进口时就被同时设置，并将伴随放射源一生，直到放射源被回收处置。为此，国家制订了《放射源编码规则》。在中华人民共和国境内使用的放射源都具有唯一编码，而且编码是不会改变的，其载明的信息包括有放射源的生产国家和单位、放射性核素的种类和特征、生产年份、序列号、放射源类型等。就像身份证要随身携带一样，编码卡要随放射源进行销售和转让。由于建立了放射源身份管理制度，对于任何一枚放射源都能很快查到相关负责单位或负责人。

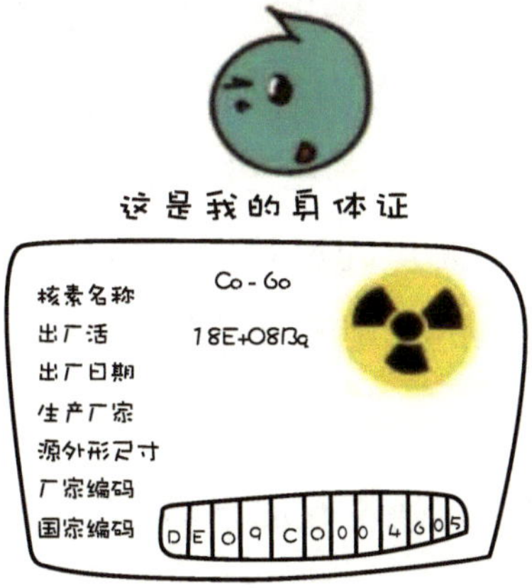

图3-2 放射源编码示意

截至目前，全国共约有核技术利用单位6.7万家，在用放射源13.4万枚，射线装置15.1万台（套），已收贮废旧放射源19.2万余枚。辐射事故年发生率从“十一五”的每年每万枚2.5起以上，持续下降至每年每万枚1起以下。

（2）核材料管理

我国政府一贯高度重视核安保工作，对核级放射性材料一直实施严格的管控。在核材料安全方面，我国对生产、使用、储存、处理核材料采取许可证制度，对核材料流转各个环节均有严格的申报、跟踪、衡算指标和要求。60多年来，我国保持了良好的核安保记录，实现了重要核材料“一克不少、一件不丢”。

第二节　乘飞机受到的辐射对我们到底有多大影响？

春节假期临近，春运模式开启，回家过年或外出旅行成为大家共同的话题，出行方式也是火车、大巴、飞机、自驾行等多种多样。有统计显示，近年随着社会发展、人们生活水平提高，飞机出行比例逐步提高，已经成为常用的交通工具。乘飞机的辐射问题也越来越引起人们关注，尤其是孕妈妈、幼小儿童的家长们，那么，乘坐飞机长时间高空飞行受到的电离辐射对我们的影响有多大呢？可以说影响是有的，不过不必紧张。

人类生活在一个辐射无处不在的世界

事实上，辐射与生俱来，自地球诞生时便存在了，辐射按其产生来源分为天然辐射和人工辐射。天然辐射主要来自宇宙射线、宇生放射性核素等。

天然辐射源主要有三个来源：

（1）人体内部天然存在的放射性同位素钾-40；

（2）岩石、土壤和水体中存在的放射性同位素，其中以放射性氡及其子体的影响最大；

（3）宇宙射线。天然辐射照射的射线，包括宇宙射线和自然界中天然放射性核素发出的射线。

人工辐射源：

人工辐射源包括医疗照射、核爆炸、核动力生产及其他工农业等领域的应用产生的辐射照射。一般常说的核技术应用活动，所利用的射线主要来自放射源或辐射发生器。

人类无时无刻不受到来自自然界的辐射，天上、地下甚至我们身体内部都有放射性，对于辐射我们无法躲避，也无需躲避。

那么，我们在生活中接受的辐射剂量有多少呢？研究数据显示，人类每时每刻都生活在各种辐射中。目前，据有关估算，个人所受的年平均有效剂量约为3；来自天然辐射的个人有效剂量全球平均为2.4 mSv，约占80%。人们每年摄入的空气、食物、水中的辐射照射剂量约为0.25 mSv，每天抽20支烟，一年有0.5～1 mSv。换句话说，对人类产生辐射影响占据大多数的是天然辐射，天然辐射与人类是共生共长的。

乘飞机受到的辐射可能相当于吃了一些香蕉

为什么提到香蕉？乘飞机和吃香蕉都会受到辐射。

乘坐飞机时，乘客所受到的辐射主要来自“宇宙射线”，这是一种具有相当大能量的带电粒子流，属于天然本底辐射。乘坐飞机会受到多少辐射呢？联合国原子辐射效应科学委员会（United Nations Scientific Committee on the Effects of Atomic Radiation，UNSCEAR）计算过，一次10小时飞行受到的电离辐射剂量约0.03 mSv（具体的剂量和季节、地理位置、飞行高度都有关）。

科学研究表明，高度每增加2千米，宇宙射线产生的辐射剂量就会增加一倍。距离地表10 000米的高空上，宇宙射线的强度大约有0.006毫希沃特每小时，在这样的高空环境下飞行两个小时（大约是从北京到上海的距离），接受的照射量大约为0.012毫希沃特。

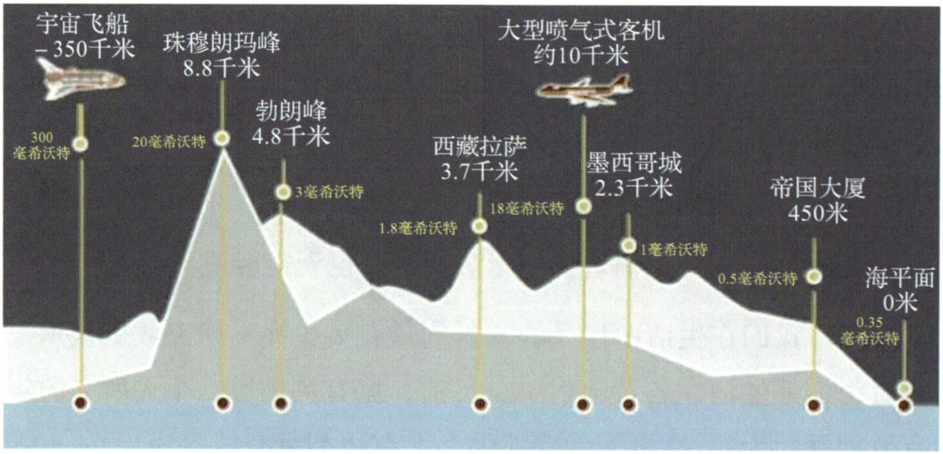

图3-3　来自宇宙辐射的年剂量

注：基于这些地方一年辐射的假设得出的

为了方便大家对这种级别辐射危害的理解，我们引入了香蕉，即用单位面积内的香蕉数量表达辐射强度。

之所以选香蕉，是因为香蕉富含钾元素，天然钾当中约有0.011 7%的放射性钾——钾-40，而钾-40的半衰期长达12亿5千万年（地球寿命为45亿年）。根据有关资料显示，每100克香蕉中大概含有360毫克钾元素，一根香蕉大概有130克，则含钾元素约0.5克。或许你觉得0.011 7%这个数字很小，但是阿伏伽德罗常数非常大，换算成放射性活度来看，每秒钟有约15个钾-40原子发生衰变，这就是香蕉等效剂量。也就是说你每吃一根香蕉，就受到约0.1微希沃特的辐射剂量，这是1希沃特的千万分之一。（1希沃特=1000毫希沃特，1毫希沃特=1000微希沃特）

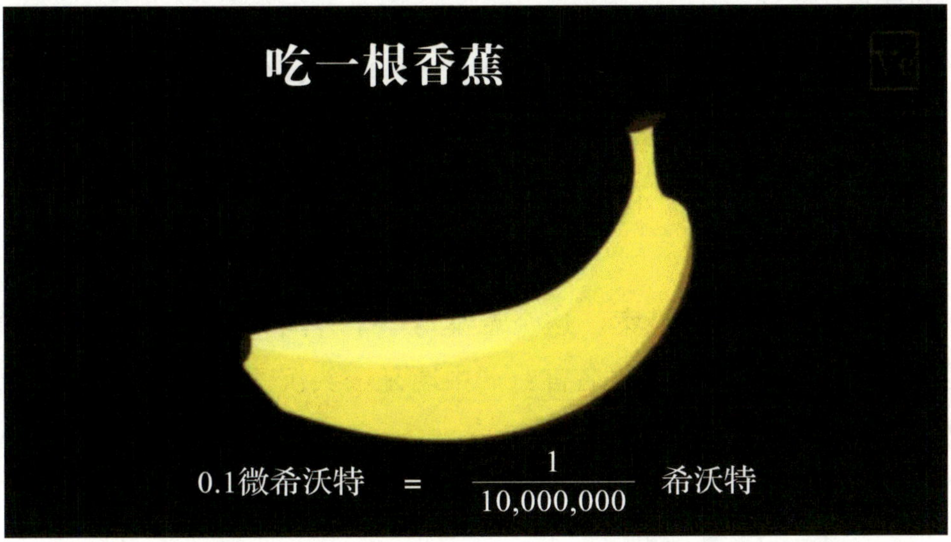

图3-4 一根香蕉所产生的的照射剂量

如果说一个人进行1次这样的飞行（从北京到上海的距离，大约两个小时），所接受的剂量约为12微希沃特，相当于吃120根香蕉，即便每年乘坐100次类似的航班也不会给人体健康带来危害。

第三节 幸好，当年他还有头发！

滚滚长江东逝水，浪花淘尽英雄。是非成败转头空。青山依旧在，几度夕阳红。

白发渔樵江渚上，惯看秋月春风。一壶浊酒喜相逢。古今多少事，都付笑谈中。

——《临江仙·滚滚长江东逝水》

历史发展的大趋势虽有一定规律，但具体历史事件的兴衰，人世的更迭，常是变化多端，有些历史事件，众说纷纭，至今议论不一，以至于成了历史悬案。

下面就来谈一起悬案。这个悬案与一个外国人有关，人们所熟知的，还有一句关于中国的名言：“中国是一头沉睡的雄狮，一旦被惊醒，世界会为之震动”。

当然，还有他写给约瑟芬的情诗：

Believe me that it is utterly impossible for me to have a single thought that is not yours,

a single fancy that is not submissive to your will.

Rest well.

Restore your health.

Come back to me and then at any rate before we die we ought to be able to say:

“We were happy for so very many days!”

Millions of kisses even to your dog.

据说翻译过来是这样：

相信我，

我每时每刻无不想你，

不想你是绝无可能的。

没有一丝意念能不顺着你的意愿。

好好休息，

早日康复。

回到我的身边，

不管怎么说，

在我们谢世之前，

我们应当能说：

“我们曾有多少个幸福的日子啊！”

千百万次吻，

甚至吻你的爱犬。

我想大家都知道了，他是拿破仑。

图3-5　拿破仑的头发

无论是一代帝王，还是凡夫俗子，都无非是“人固有一死，或重于泰山，或轻于鸿毛”。

下面我们就看看，这个法国19世纪初叱咤风云、名声显赫的皇帝是怎么死的。

图3-6　拿破仑生前部属争相瞻仰其遗容

长期以来，关于拿破仑的死因，无论在学界还是民间，一直存在诸多分歧：有人说他是砒霜中毒而死，有人说他死于医生的误治，有人说他是死于胃出血，总之扑朔迷离……

法国的史学家靠拿破仑吃饭的不计其数，甚至连法国的科学家也经常能从拿破仑身上弄出点零花钱。科学家水平就是不一样，“蹭钱”的技术比“从不锈钢公鸡身上锉铁屑子”高深多了，这可是实实在在的高科技，而且这次最重要的道具就是拿破仑的头发。

谜底一波又一折

1961年，有人发表了一篇报告，曾轰动一时。该报告说，为了研究拿破仑的死因，将存放在博物馆的拿破仑遗发一根放入反应堆中照射，然后进行了测定。结果表明：有人在他的饮食中投放了毒物——砷，致使拿破仑因此中毒而死亡。

利用的其实就是中子活化分析技术（核技术）。

毛发经过核反应堆的中子照射，然后测定出它放出的是哪些放射性粒子，就可以知道毛发中潜藏着什么样的放射性核素，从而推断出元素的种类，同时测出单位时间内放出的粒子数量，人们就可以立即查明该毛发中存在的元素及含量。但1994年，美国联邦调查局曾怀疑这种说法（砷中毒）……

一直到

2002年前后，法国《科学与生活》杂志曾邀请巴黎警察局毒物学实验室、法国奥塞电磁辐射应用实验室以及巴黎原子能委员会的有关专家再次对拿破仑的几缕头发进行了分析。

此次取样的头发据说有的是在拿破仑死后从尸体上取下来的，有的是拿破仑在世时按当时的风气剪下来送给他的仰慕者的。三位专家对每根头发的元素含量进行了上百次分段抽样测量，每一分段的间距都精细到0.5毫米。

最后公布的结果是：无论是在1821年拿破仑死后取下的头发里还是在1805年、1814年拿破仑在世时取下的头发中，砷的含量都超过正常值的5到33倍。

这些头发的取样时间相距16年，头发中的砷含量却基本一致，而且分段抽样的结果也证明每根头发上各区间内砒霜的含量也未出现大幅度的波动，因此，三位专家认为不能得出拿破仑死于砒霜中毒的结论。

砷更可能来自外部环境而非体内

专家由此推测：头发上的砷更可能来自外部环境而非体内，而最有可能的则是当时流行使用的含有砒霜的防腐剂。三位专家最后的定论仍归于当年根据拿破仑的尸体解剖和临床症状得出的结论，即：拿破仑死于胃癌及其并发症。

这一结论号称是拿破仑死因的最后定论，但这桩公案闹到现在，已经没人相信“最后定论”这种说法了，没人指望各种争论能就此停息。

据说人的身体上保留时间最长的东西之一就是头发，这样看来，有关拿破仑头发种种风波还可以再延续几百年。无论如何，法国人还是幸运的：好在当年拿破仑不是个“秃子”。

中子活化法

中子活化法，属核技术的应用，用反应堆、加速器或同位素中子源产生的中子作为轰击粒子的活化分析方法，灵敏度和准确性都较高，分析灵敏度可达10^{-13} ~ 10^{-6} g/g。在环境、生物、地学、材料、考古、法学等微量元素分析工作中得到广泛应用。

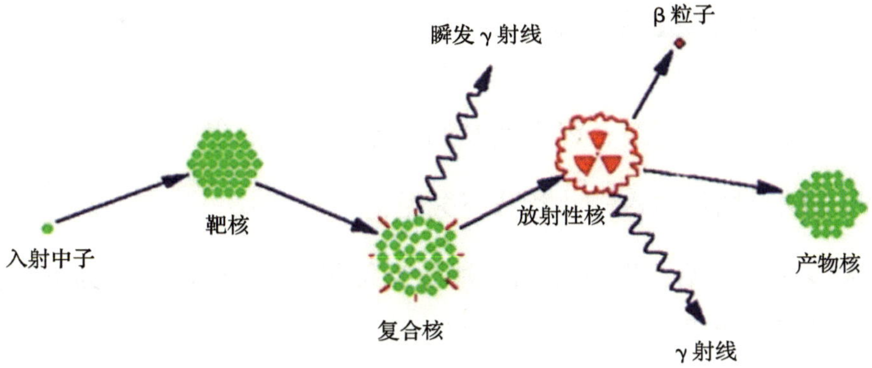

图3-7 中子活化分析过程示意

参考文献

[1] 科技日报. 破仑死于胃癌并非砒霜中毒. 科技日报, 2002-10-30(12).
[2] 人民网. 拿破仑死亡之谜：死于胃癌还是砒霜中毒？. http://history.people.com.cn/n/2015/0618/c372326-27174569.html.
[3] 新东方. 名人英文情书. http://yingyu.xdf.cn/201208/9006674.html.

第四节　爸爸的爱不抽“钋”

今天是六一儿童节，祝小朋友们开心快乐，健康成长！

昨天的无烟日与六一儿童节有关呢！

从1989年开始，世界无烟日被改为每年的5月31日，因为第二天是国际儿童节，希望下一代免受烟草危害。

有句宣传语：”爸爸，你不抽烟时最帅……”

爸爸们，请给孩子们创造一个美好的无烟环境。

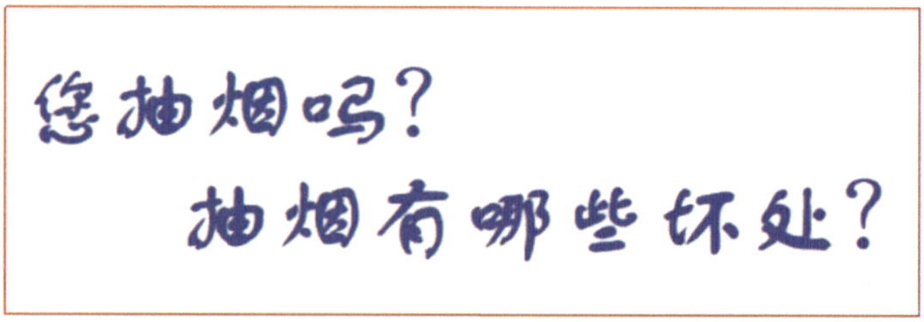

图3-8　抽烟的坏处

我们都知道抽烟危害身体健康， 但是对于抽烟的有害方式，你了解多少呢？

您知道吗？

（1）烟草烟雾含有*n*种有害物质；

（2）烟草烟雾分为两个致命段：颗粒和气体；

（3）颗粒，即烟草烟雾含有尼古丁，尼古丁是一种极易上瘾的物质，并且会引起心率和血压升高，增加患心脏病风险，吸烟会导致中风和心脏病；

（4）气体，即烟草烟雾含有有毒的一氧化碳和其他气体，一氧化碳会取代血液中的氧气并且降低人体供氧能力。

有人说，那我不抽烟，不会被抽烟危害，但你却极有可能抽过二手烟，二手烟一样有害。

二手烟是指被动吸入周围的烟草烟雾。比如，在公共场合，你旁边的人吸烟的时候；在家，邻居吸烟的烟雾从门窗飘进的时候；或者你身边走过一个吸烟的人的时候；又或者是其他的场景，你其实都会被动吸入二手烟！

除此之外，您是否知道烟草中还有放射性物质？具体是多少呢？又会产生什么样的影响呢？过滤嘴到底有没有用？

图3–9　香烟中的放射性物质

吸烟有害健康，这是一个常识，在吸烟者看来，吸烟可以有效提神。殊不知，烟草不仅本身含有大量会致人成瘾的尼古丁和有害的焦油，而且其燃烧时所产生的烟雾中至少含有2000余种有害成分，更为大多数人所不知的是，它还含有较高的放射性核素。

烟草中放射性核素的比活度浓度较一般农作物中的要高出100倍以上，其中尤以^{210}Po、^{210}Pb和^{226}Ra等居多，有20%的^{210}Po和10%的^{210}Pb被吸烟者吸入体内，20%的^{210}Po随烟雾逸散到空气中，影响周围人群，这些放射性核素进入人的呼吸器官和消化道里，在体内危害人的机体。

香烟被称为放射性“钋弹”

烟气中，对人体影响最大的是铀元素的衍生物——放射性钋，其放射出的α射线能量大，电离能力强。它能摧毁活细胞中基因链，杀死细胞或把它们转化为有害细胞。吸烟者从每一支烟中吸入钋的量比不吸烟者高出30倍。

每天抽20只烟的肺部剂量为0.5～1.0毫希沃特（相当于一次X光胸透）。国外试验数据显示：对实验鼠进行低剂量^{210}Po照射试验结果表明，^{210}Po是实验鼠诱发癌症病变的原因。因此人们将抽烟称之为“自污染行为”。

香烟中怎么会含有钋-210呢？

烟草中的放射性物质主要来自于种植烟草时大量施用的含铀磷肥。据说烟草的含氮量低，香烟就会比较“香”，而通过反复施高磷肥，可以降低烟草的含氮量。因此，种植烟草时要大量地施加高磷肥。

铀元素本身就是放射性元素，尽管在磷肥中含量很少，但它很容易被烟草吸收；烟草还从土壤和水中吸收天然的放射性物质，并通过叶面上带有黏性的纤毛吸附空气中飘浮的污染物质，包括放射性物质。刚收割的烟草中所含放射性物质的浓度不算太高，但在之后的烘烤、加工、制作等过程中，放射性物质含量会逐渐增高。

香烟滤嘴对钋-210的作用有多大?

香烟过滤嘴阻滞或捕获钋-210的能力是一个众说不一的问题，但有一点似乎可以肯定，过滤嘴捕获钋-210的程度取决于捕获烟粒的大小，而与过滤嘴对钋-210特定的捕获能力无关。烟粒颗粒越大捕获的钋-210愈多。一些试验数据显示带过滤嘴与不带的烟比较，前者的钋-210含量少于后者，看来带过滤嘴似乎还是有些作用的，但这仍然是有争议的。

人们对香烟中钋-210的测定

南美洲是世界上主要的雪茄产地，雪茄也是南美洲各国的一大经济收入来源，为此巴西科研人员对采自世界各地约58种品牌的雪茄烟进行了钋-210检测，其中比利时产的1种、巴西8种、古巴27种、多米尼加共和国9种、荷兰2种、洪都拉斯1种、墨西哥2种、尼加拉瓜1种、西班牙1种、美国6种。

测量结果显示：地表部分的烟叶中钋-210质量分数最高。这很可能与大气中放射性尘埃的沉淀作用有关。雪茄烟中的钋-210含量与地域密切相关。

根据欧洲、南北美洲等地区58个品牌的雪茄烟测定结果表明，洪都拉斯、墨西哥和尼加拉瓜的钋-210含量较高，是古巴的2倍左右。这与烟草在生长期所使用的化肥中钋-210的高含量有关。

第五节 建筑材料的辐射安全与防护

自古以来，在人类生活的周围环境中，无处不在地充满着来自天然放射性物质和其他天然源的电离辐射。即使在人工辐射源广泛应用的今天，天然辐射源仍然是正常情况下人类所受辐射照射的主要来源。

天然辐射照射的来源及其本底水平

天然辐射照射来自地球上的天然放射性物质和宇宙射线及其感生放射性。

天然放射性核素有两大来源：一类是来自地球本身的原生放射性核素，另外一类，是来自宇宙射线的感生放射性（称宇生放射性）核素。原生放射性核素主要存在于以^{238}U，^{235}U和^{232}Th为首的三个天然放射性系列中，还包括个别单独存在的天然放射性核素如^{40}K和^{87}Rb等同位素。宇生放射性核素中，比较重要的有^{3}H和^{14}C。

联合国原子辐射效应科学委员会（UNSCEAR）2000年向联合国大会提交的报告书，给出了我国和世界范围各类天然辐射照射所致公众年有效剂量（表3－1）。全世界范围天然辐射照射所致平均有效剂量为2.4 mSv/a，其中氡射气吸入内照射的年有效剂量为1.15 mSv/a，约占到总剂量的52%；由宇宙射线和陆地γ引起的外照射剂量为0.87 mSv/a，约占36%；除氡以外的其他天然放射性核素的内照射剂量为0.30 mSv/a，约占12%。

我国公众现在所受天然照射平均年有效剂量为3.1 mSv，高于同期世界平均值2.4 mSv。

有资料表明，对于全世界范围内年有效剂量的典型范围为

1～10 mSv。已经计算出约65%的公众受到1～3 mSv/a的照射，25%的公众受到不到1 mSv/a的照射，10%的公众受到大于3 mSv/a的照射。

表3-1　公众所受天然辐射照射年有效剂量（mSv）

射线源			现在	世界
外照射	宇宙射线	电离成分	0.26	0.28
		中子	0.1	0.10
	陆地γ辐射		0.54	0.48
内照射	氡及其短寿命子体		1.56	1.15
	钍射气及其短寿命子体		0.185	0.10
	^{40}K		0.170	0.170
	其他核素		0.315	0.120
总计			约3.10	2.40

在人体受到的各种天然放射性的辐射中，氡气是最主要的。造成居室中放射性污染的元凶——氡。

氡，元素符号Rn，在自然界大多以气体形式存在，故也称氡气。自然界中的氡是怎么来的？^{222}Rn是^{238}U经4次α衰变以后产生的。氡有27种同位素，大部分半衰期都很短，^{222}Rn的半衰期为3.8天，放出的α粒子能量为5.489兆电子伏特，经衰变最后变成^{206}Pb。虽然氡的半衰期较短，但是其母体^{238}U寿命极长，而且存在于土壤、岩石中，所以氡也随着不断生成。氡气是自然界中最重的气体也是唯一的天然放射性惰性气体，无色无味，不易被人察觉到。

室内氡的主要来源

（1）从房基土壤中析出的氡，在地层深处含有铀、镭、钍，岩石中也可发现高浓度的氡。这些氡可通过地层断裂带进入土壤和大气层。

在建筑物里，氡就会沿着地的裂缝扩散到室内。对北京地区的地质断裂带进行的检测表明，三层以下住房室内氡含量较高。

（2）从建筑材料中析出的氡 1982 年联合国原子辐射效应科学委员会指出，建筑材料是室内氡的最主要来源，如花岗岩、砖砂、水泥及石膏之类，特别是含放射性元素的天然石材，易释放出氡。从近期室内环境检测中心的检测结果来看，此类问题不可忽视。

（3）从户外空气中进入室内的氡 在室外空气中，氡被稀释到很低的浓度，几乎对人体不构成威胁，可是一旦进入不通风的室内，就会造成大量的氡积聚。

（4）从供水及用于取暖和厨房设备的天然气中释放出的氡 只有当水和天然气中氡的含量比较高时才会有危害。

减少室内氡的危害

（1）为了减少氡的危害，我们要保持室内良好通风。试验证明，一间氡浓度在151 Bq/m^3的房间，开窗通风1小时后，室内氡浓度就降为48 Bq /m^3。

（2）在建筑施工和居室装饰装修时，尽量按照国家标准选用低放射性的建筑和装饰材料。另外，减少或禁止在室内吸烟也有一定的效果。现在室内普遍用空调，人们经常在使用空调时把房门、窗子紧闭，使室内密不透风。殊不知这样对健康极其不利，氡气在室内积聚的浓度会越来越高，给人们带来的危害也增加了。冬天，我们宁可多穿点衣服，也不要总是待在密闭的空调房间内；夏天，我们也要经常给空调房间通风，不要只顾一时舒服，而吸进去太多的氡气。

（3）我们要提倡健康的生活方式。提倡节约电力，少用空调，不搞过度装修，这些都是减少氡气危害的自我保护方法。

2018年8月，浙江义峰山建筑材料的问题在网络上引起了不小的波澜。那么，义峰山石料矿是否为伴生放射性矿，需不需要进行辐射监管，用作建筑材料时需要满足什么要求？我们以此为例，就其辐射安全及影响做一些说明。

辐射防护体系

研究表明，辐射的生物效应有两类：一类称为确定效应，也称组织反应；另一类称为随机效应。前者是有剂量阈值的，只有剂量超过某个阈值时效应才会发生，其效应在临床上可以被观察，且其严重程度与剂量有关。后者无剂量阈值存在，其效应在临床上难于观察，其发生概率与剂量有关，其严重程度与剂量无关。

为防止组织反应，对年剂量高于100 mGy时采取防护行动几乎始终是正当的。在低于100 mGy的辐射剂量时，假定随机效应发生率增加的概率在本底剂量之上与辐射剂量的增加成正比，即所谓线性无阈（LNT）。这种基于科学、伦理和实践的管理辐射照射危害是最实际的、符合谨慎原则的模式。

辐射防护体系的目的主要是保护人类健康。其健康目标就是要对电离辐射进行管理和控制，以防止确定效应，并使随机效应的危害降低到可合理达到尽量低的程度。辐射防护的原则包括实践的正当性、剂量限制和防护最优化。

需要说明的是，现在的辐射防护体系是在线性无阈（LNT）条件下，在符合谨慎原则的基础上确定防护标准的要求：即所采取的防护水平将确保防护后的危害水平是可以接受的。但是，超过辐射防护限值并不意味着会出现确定效应，会产生健康损害。

我国现行的国家标准《电离辐射防护与辐射源安全基本标准（GB 18871—2002）》，是我国在辐射安全方面的基础标准。它是以ICRP60号出版物为基础由六个国际组织联合发布的《国际电离辐射防护和辐射源安全基本安全标准》为蓝本编写的，体现了国际辐射防护领域的基本要求。

该标准是分别针对实践（包括实践中的源）和干预两种情况提出主要的管理要求。其中3.1.3.2条明确规定："通常情况下应将天然源照射视为一种持续照射，若需要应遵守本标准对干预的要求"。并且说明对于住宅中氡的控制应视为持续照射，遵守标准对干预的要求。该标准明确规定了关于室内氡浓度的行动水平，见表3－2。

表3−2　室内氡的优化行动水平（Bq/m^3）

住宅	类型
200	待建住宅
400	已建住宅

《中华人民共和国放射性污染防治法》规定，伴生放射性矿是指含有较高水平天然放射性核素浓度的非铀矿（如稀土矿和磷酸盐矿等）。根据国家标准《可免于辐射防护监管的物料中放射性核素活度浓度》（GB 27742—2011）以及《矿产资源开发利用辐射环境监督管理名录（第一批）》（环办〔2013〕12号文）等要求，对于物料中铀（钍）系单个核素含量超过1贝可/克（Bq/g）的非铀矿，才需要纳入辐射环境保护监管。从目前监测的结果看，义峰山矿石天然放射性核素活度浓度均小于1 Bq/g，应不属于伴生放射性矿的范畴。因此，义峰山石料矿的开采活动是不需要进行辐射环境保护监管的。

但是，对于开采的石料用作建筑材料，需要有什么样的放射性控制指标呢？原国家质量监督检验检疫总局2010年颁布的国标《建筑材料放射性核素限量》（GB 6566—2010）中对建筑材料的放射性水平限值给出了具体规定。在该标准中按照Ⅰ类民用建筑、Ⅱ类民用建筑分别对建筑主体材料、建筑装修材料中放射性核素的含量进行了规定。

对建筑主体材料中天然放射性核素^{226}Ra、^{232}Th和^{40}K的放射性比活度同时满足$I_{Ra}\leqslant1.0$；$I_{\gamma}\leqslant1.0$；对空心率大于25%的建筑主体材料中天然放射性核素^{226}Ra、^{232}Th和^{40}K的放射性比活度同时满足$I_{Ra}\leqslant1.0$；$I_{\gamma}\leqslant1.3$。

其中：$I_{Ra}=C_{Rn}/200$，$I_{\gamma}=C_{Ra}/370+C_{Th}/260+C_{K}/4200$

只要满足GB 6566—2010对建筑材料中放射性核素的规定，该建材可满足住宅等建筑对放射性指标的要求。

如果住房内的放射性指标超标，其最大的危害是什么？相应的控制标准和防护措施又是什么？

如果我们住房建筑材料中的放射性核素超标或者过高，那么对我们产生最大危害应该是建筑材料中^{226}Ra释放的子体——氡。氡作为一种广泛存在的天然辐射源，与其子体一起对人产生辐射剂量，占天然源产生的总辐射剂量中的50%左右。世界卫生组织（WHO）将氡及其子体列为19种致癌物质之一。

自1990年以来，各国都相继制定了居室内氡的干预行动水平，国际放射防护委员会（ICRP）第65号出版物《住宅和工作场所中^{222}Rn的防护》建议行动水平在200~600 Bq/m^3，英国现行的行动水平在200 Bq/m^{3}以下。随着我国经济发展，住宅条件的改善，人们对氡的认识也越发重视和关注，自1995年开始，我国相继颁布了《地下建筑氡及其子体控制标准》（GB 16356—1996）、《室内空气质量标准》（GB/T 18883—2002）、《电离辐射防护与辐射源安全基本标准》（GB 18871—2002）和《室内氡及其子体控制要求》（GB/T 16146—2015）等控制氡的国家标准，对居室内和地下建筑内的氡浓度水平进行干预。

新发布的《室内氡及其子体控制要求》（GB/T 16146—2015）分别依据ICRP第65号出版物和ICRP关于氡的辐射防护声明（2009），给出了室内氡及其子体的剂量约束值和室内氡浓度控制值，见表3－3。该值与ICRP和WHO最新的标准要求一致。

表3-3　室内氡及其子体的剂量约束值和室内氡浓度控制值

室内氡及其子体剂量约束值		室内氡浓度控制值	
新建住宅目标水平	3 mSv/a	新建住宅目标水平	100 Bq/m^3
已建住宅行动水平	10 mSv/a	已建住宅行动水平	300 Bq/m^3

同时，该标准还提出了氡浓度在不同条件下的相关控制措施，当新建建筑物室内氡浓度超过目标水平时，应在社会、经济和技术等条件许可下，尽可能地采取适宜的、简单可行的补救和防护措施，使室内氡浓度降低到目标水平下。当已建建筑室内氡浓度超过行动水平时，应采取必要的补救和防护行动，以尽可能地降低室内氡浓度、减少可能受到的照射剂量。相关的降氡措施包括自然通风和机械通风，屏蔽氡源、净化除氡等。

需要说明的是，已建住宅行动水平300 Bq/m^{3}对应的有效剂量约为10 mSv。该值与为全世界范围内天然照射典型高值（1~10 mSv/a）一致，远低于组织反应的阈值100 mGy，因此，即便住宅内的氡浓度达到300 Bq/m^3，也不会导致与确定效应相关的反应而损害健康。但从辐射防护最优化的角度出发，需要采取补救和防护行动以降低氡浓度，开窗通风是最简单易行且效果明显的方法。因为氡从地下、墙壁向室内空气扩散的过程缓慢，只要室内外保持一定的空气交换，室内氡浓度水平就会降低。有资料表明，室内氡浓度达到200 Bq/m^{3}的房屋，早晚各通风半小时以上，氡浓度可以降到20 Bq/m^3。

第六节　建筑材料放射性限值与安全

我国国家标准《建筑材料放射性核素限量》（GB 6566—2010）规定了建筑材料中天然放射性核素镭-226、钍-232、钾-40的放射性比活度限值及其检测方法。该标准是以国际放射防护委员会（ICRP）的“线性无阈”假设为基础，根据国家标准对公众的年有效剂量限值导出的。

“线性无阈”是辐射防护学一个保守的理论假设，即任何微小剂量的辐射均将增加致癌的危险。它是由高、中剂量辐射致癌的剂量效应关系外推到低剂量的一个假设，并没有直接的放射生物学或辐射流行病学依据。

在“线性无阈”的假设下，国际放射防护委员会（ICRP）给出了放射工作人员和公众的年有效剂量限值。这些限值并不是安全与否的界限，而是考虑了全世界目前的技术、经济、社会、伦理等因素后，可以达到的防护水平。它们距离确定性效应（辐射损伤）剂量阈值还相当远。ICRP的研究证明：在很多情况下，由于担忧辐射对健康的影响导致的危害远大于辐射本身的危害。但是，也不能说剂量限值离辐射损伤的阈值还远，企业或相关方就可以不遵守这些限值。因为辐射防护还讲社会伦理，在现有技术和经济条件下，尽量降低公众所受辐射照射；能够做到却故意不做，为法理所不容。

前面我们说建筑材料标准限值是“导出”的，是因为建筑材料致公众的年有效剂量无法用检测设备直接读数测出，科学家们于是找出与年有效剂量有关而且可以测出的量，用年有效剂量限值反推出可以测出的这些量的限值。

建材标准之所以“导出”建筑材料中天然放射性核素的放射性比活度限值，是因为简单直观的室内空气伽马剂量率测出的是所测点总的伽马剂量率，它包括环境本底、周围建筑、所测建筑及其室内装饰材料等的总贡献，无法直接测出某种建材的伽马剂量率贡献，也就无法由此给出某种建材的年有效剂量。因此，国家标准要使用建材中镭–226、钍–232、钾–40的放射性比活度来判断这种建材是否满足标准。

另外，建筑材料对人的健康影响主要来自镭–226的衰变子体氡（惰性气体）。建筑物室内氡浓度不仅与建筑材料中放射性核素的含量有关，还与地基与地质条件、建筑结构有关，更与室内通风条件有关。即使建材不超标，长期不通风也会造成室内氡浓度升高。相反，即使建筑材料有些许超标，只要注意通风，就能大大降低室内氡浓度，不会对人体健康造成影响。

第四章 法律法规篇

第一节 日本的核安全法规体系

2011年3月11日，日本福岛发生震惊世界的核事故，人们再次深刻认识到核安全是核能与核技术利用事业发展的生命线，完善核安全保障体系的重要性进一步彰显。我国就对该领域给予了高度重视，进行了诸多改进。例如，出台了《核安全与放射性污染防治“十二五”规划及2020年远景目标》，提出了针对类似福岛核事故的极端事件的核安全改进提升行动，对运行核电厂提出了10项安全改进要求，分为短期、中期和长期项目，分别在2011年年底、2013年年底和2015年年底完成；对建造核电厂提出了14项改进要求，分为首次装料前完成和2015年年底前完成两类项目。

2018年1月1日，中国首部核安全法开始实施。为安全利用核能，保证核设施、核材料安全，这部法律从高制定核安全标准、从严加强核安全监管。

不断吸取国际核事故经验教训，是提升核安全的重要手段。那么，邻国日本的核安全法规体系又是怎样的呢？今天小编就带大家了解一下。

在日本的核安全法律法规体系中，《原子能基本法》（1955年第186号法案）位于最高层，它确立了核能利用的基本理念。在它的基础上，日本制定了《原子炉等规制法》（Act on the Regulation of Nuclear Source Material, Nuclear Fuel Material and Reactors, 简称Reactor Regulation Act）（1957年第166号法案）、《放射性同位素等辐射危害防护法》（Law for Prevention of Radiation Hazards due to Radioisotopes, etc.）、《电力事业法》（The Electricity Business Act）、《原子力灾害对策特别措置法》（The Act on Special Measures Concerning Nuclear Emergency Preparedness），《原子炉等规制法》中阐述了政府的安全监管以及营运单位的责任。

福岛核事故前，日本的核安全法律法规体系如图4－1所示。

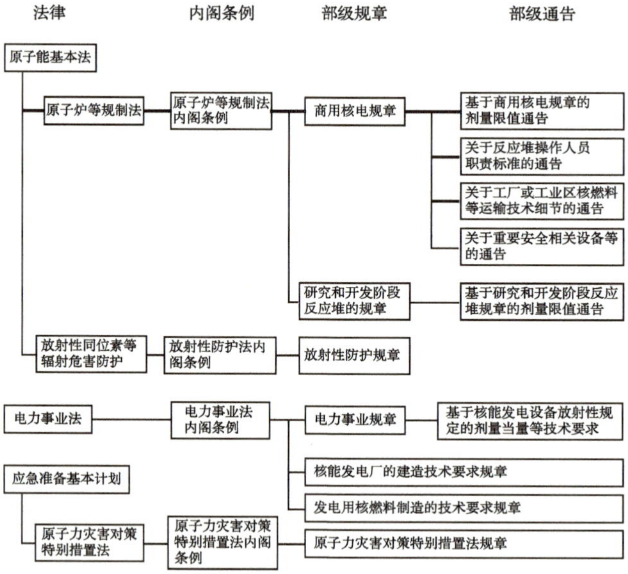

图4－1　日本核设施安全的主要法律架构

关于职业照射等剂量限值的制定方面，依照《放射性危害防护的技术标准法》（1958年第162号令），在文部科学省（以下简称MEXT）内成立的辐射审评委员会，旨在对日本引入国际辐射防护委员会（ICRP）的推荐项进行讨论，并对相关政府部门核机构采纳上述推荐项的政策提出自己的观点。而且，如果要制定用于法律和规章的放射性危害防护的技术标准（如放射性从业人员的剂量限值），则对该法律和规章拥有司法权的政府机构需咨询MEXT的辐射审评委员会，辐射审评委员会保证了辐射危害技术标准间的一致性。

日本核设施相关的法规体系包括：

（1）《原子能基本法》

《原子能基本法》的目的是通过鼓励原子能的研究、开发和利用，确保未来的能源，促进科学和技术的进步，推动工业发展，提高人类社会福利和生活水平。基本政策为："原子能的研究、开发和利用应仅限于以和平为目的和确保安全第一为根本，并且应该在民主管理下自我控制的基础上进行。其成果向公众公开，并主动为国际合作做贡献"。

为了达到该目的和基本政策，该法律规定要建立一套法律对如下领域实施管理：

1）原子能机构和核安全委员会的设立，其职责、组织、运作和权利；

2）核材料相关的法规；

3）核设施建设等的法规；

4）放射性防护法规；

5）原子能损害引起的赔偿。

法律还规定了原子能利用者应该根据这些法律在监管机构的监督之下以安全保障为第一，管理他们的设施。

在《原子能基本法》的指导下，每个特定的领域都制定了相应的子法，比如《原子能灾害对策特别措施法》《特定放射性废弃物最终处置法》等。

此外，《原子能机构和核安全委员会设立法》《经济产业省设立法》《原子力安全基盘机构法》等法律中规定了监管相关各组织的设置依据及其使命。

（2）《原子炉等规制法》

《原子炉等规制法》的目的是“根据《原子能基本法》的法律精神，确保核原料、核燃料和反应堆仅限于和平利用，坚持依计划行事，并通过避免由这些设施造成的危害以及给核材料提供物理防护等措施以确保公众安全”，对反应堆的设计及运行等相关事项进行了规定。

其中反应堆设施相关事项的规定如下：

用于反应堆设施设计的反应堆设施基本设计和政策的规定；

用于反应堆设施建造的详细设计规定（设计与建造方法的认可）；

反应堆设施建造期间的检查（包括焊接方法的认可，焊接检查，役前检查等）；

反应堆设施运行规定（运行安全大纲或者运行安全检查的认可）；

反应堆设施运行相关的检查（反应堆设施的定期检查）；

反应堆设施的安全运行及特定核燃料材料防护措施；

反应堆设施的转让、继承、合并等的规定；

反应堆设施拆除的规定。

（3）《电力事业法》

建立《电力事业法》是为了“确保公共安全及环境的安全，对电气设备的施工、维修及运行进行监管”的安全法规。

《电力事业法》不仅适用于核电，同时还适用于火力发电和水力发电，它是一部管理日本电力事业的综合性法规。从确保电力工业中电力设施安全的角度出发，该法律规定了核设施建造方案的许可、燃料组件的检查、对执照者焊接检查体系的审查、役前检查、执照者定期检查、对执照者定期检查体系的审查、定期检查、运行安全大纲等相关事项。

为了核设施的安全监管，在《电力事业法》的指导下，制定了内阁条例和一些相关的规章，包括电力事业规章、核能发电厂的建造技术要求规章、发电用核燃料制造的技术要求规章以及基于核能发电设备放射性规定的剂量当量等技术要求。

（4）《应急准备基本计划》和《原子力灾害对策特别措置法》

核应急包含在作为通用法的《应基准本基本计划》的法律框架之中。考虑到核应急的特殊属性，1999年12月制定了《原子力灾害对策特别措置法》。该特别法规定了核应急的特殊措施，包括执照持有者对核灾害预防的责任、核应急的宣布和核应急准备指挥部的建立、紧急状态应急对策的实施等。该法规还规定核设施附近应设置核事故应急高级专家，指导和建议执照持有者的核应急防护措施，以及指导其他防止核应急事件发生和发展的必要措施。

（5）《放射性同位素等辐射危害防护法》

为了防止核设施中使用的放射性同位素造成危害，制定了《放射性同位素等辐射危害防护法》（以下简称“放射性危害防护法”）。该法律规定了放射性防护的区域控制、放射性从业人员的剂量控制、控制区域内的放射性测量等。

核设施的放射性防护由《原子炉等规制法》《电力事业法》《工业安全和健康法》来规定。《原子炉等规制法》规定了辐射防护的区域控制，放射性从业人员核公众的剂量控制，放射性水平测量和监测等，以保护公众和人员。《电力事业法》规定了核设施内安装的辐射仪表设备。《工业安全和健康法》规定了与《原子炉等规制法》相同的对放射性从业人员的剂量限值要求。

另外，特别提一下日本的核损害赔偿法，该法律规定了由核事故造成的核损害发生时损害赔偿的基本制度。其中采用了核设施执照者负有“无过失责任”的赔偿责任制度，并具有无限赔偿责任。

为了确保一定的赔偿资金并且便于赔偿，要求核设施执照者必须对其核损害责任准备资金，对于核设施而言，一般来说每个核设施的额度为600亿日元。这些资金包括与民间保险公司签订的核损害责任保险合同，以及与政府签订的核损害赔偿补偿协议。后者为前者的补充，以防在发生大规模事故（如地震、火山喷发导致的事故）时，核损害责任保险合同中赔偿资金不足。

当执照者准备的资金不足以支付所有赔偿时，根据国会的决议，国家会对核设施执照者进行必要的援助。此外，在异常的巨大自然灾难或者社会动荡时发生的核损害，核设施执照者将免其责任，由国家承担赔偿责任。

除上述立法外，日本核安全委员会（以下简称NSC）还编制了安全审查和安全评价的导则（主要的管理导则见表4－1），规定了核设施基本设计审查需要使用的技术要求，在进行设施许可申请的安全审查过程中，使用这些导则对营运单位申请内容的妥当性进行判断。

表4-1 日本NSC规定的发电轻水反应堆主要管理导则

<table>
<tr><td rowspan="17">灾害预防</td><td>厂址</td><td>核反应堆厂址评价及应用准则的评审管理导则</td></tr>
<tr><td rowspan="6">设计</td><td>轻水核反应堆设施安全设计评审管理导则</td></tr>
<tr><td>轻水核反应堆设施重要安全功能分级评审管理导则</td></tr>
<tr><td>核反应堆设施抗震设计评审的管理导则</td></tr>
<tr><td>轻水核反应堆设施消防评审管理导则</td></tr>
<tr><td>轻水核反应堆事故后辐射监测评审管理导则</td></tr>
<tr><td>放射性废液处理设施安全评审需要考虑的基本政策</td></tr>
<tr><td rowspan="7">安全评审</td><td>轻水核反应堆设施安全评审导则</td></tr>
<tr><td>压水堆堆芯热工设计评估管理导则</td></tr>
<tr><td>轻水核反应堆设施应急堆芯冷却系统性能评估管理导则</td></tr>
<tr><td>轻水核反应堆设施反应性引入事件评估管理导则</td></tr>
<tr><td>BWRMARK-Ⅰ型安全壳压力抑制系统动态荷载评审管理导则</td></tr>
<tr><td>BWRMARK-Ⅱ型安全壳压力抑制系统动态荷载评审管理导则</td></tr>
<tr><td>核反应堆设施安全分析气象观测的管理导则</td></tr>
<tr><td rowspan="3">剂量目标值</td><td>轻水核反应堆设施附近地区公众年剂量目标管理导则</td></tr>
<tr><td>轻水核反应堆设施周边地区剂量目标审查评估管理导则</td></tr>
<tr><td>轻水核反应堆设施流出物释放辐射监测导则</td></tr>
<tr><td colspan="2">技术能力</td><td>核电厂执照持有者技术能力审查管理导则</td></tr>
</table>

福岛核事故暴露出日本关于核安全和核防灾的法律体系以及相关标准、指针还有待进一步完善。于是，以这次核泄漏事故为契机，日本着

手逐步实施包括引入新的安全监管制度、强化安全标准、理顺复杂的核安全法律体系等主要内容的针对核安全和核防灾法律体系和标准等的修改计划。例如，2012年4月决定为新设“核能监管厅”进行法律立案的准备；根据福岛核事故修改了《核设施防灾对策》；2012年10月31日，日本核监管委员会颁布了新的《灾害对策指针》；将核电经营者对事故的解决对策上升到法律监管层面；对于核能相关的许可申请也做出了新的技术性要求，提高了标准，并且赋予其法律效应。

参考文献

[1] 日本福岛核事故. 北京：中国原子能出版社，2014：4-7.
[2] 崔健，肖美伊. 福岛核事故后日本核安全管理制度的变化及启示.
[3] 国家核安全局相关负责人就福岛核事故后核电厂安全改进等情况答记者问.
http://www.zhb.gov.cn/gkml/hbb/qt/201403/t20140311_269027.htm.

第二节 放射性废物最小化管理文件知多少

放射性废物最小化是：从核设施的设计到退役活动的各个阶段，通过减少废物的产生，或使用再循环、再利用等废物处理方法，将放射性废物的数量和活度减少到可合理达到的最低水平。

关于放射性废物最小化的法规技术文件又有哪些呢？我们对部分重要文件作了收集整理，梳理如下，仅供参考。

（1）放射性废物最小化概念的提出

废物最小化原则最早出现在美国1984年出台的《危险和固体废物修正案》中，其产生的原因是，随着1976年《资源保护回收法》和1980年《综合环境反应、补偿和责任法》的实施，废物管理成本不断攀升。废物产生者认识到废物最小化原则对他们经济上非常有利，因此也就变得越来越有吸引力。

放射性废物最小化的概念首见于国际原子能机构1992年出版的技术文件《放射性废物最小化和分离》，1995年出版的安全系列报告《放射性废物管理原则：安全基础》进一步提出将废物最小化作为放射性废物管理九条原则之一。在随后的系列技术文件和技术报告中，又陆续提出了放射性废物最小化的概念、内容及目标。

（2）放射性废物最小化的内涵

简言之，放射性废物最小化即放射性废物数量和活度减至可合理达到的水平。最小化的目标是，通过限制放射性污染的产生和扩散以及减少贮存和处理的放射性废物体积，达到限制环境影响以及降低污染物料管理相关成本的目的。同时指出，最小化的对象包括控制废物产生和既存废物管理，体现了废物源头控制和全过程管理的原则。最终目标则体现在环境影响最小化和管理成本最小化。

（3）IAEA有关放射性废物最小化的出版物

1）IAEA-TECDOC-652

IAEA于1992年出版了技术文件《放射性废物最小化和分离》（IAEA-TECDOC-652），该报告是小型核研究中心和放射性同位素在医学、研究和工业应用中的中低水平放射性废物管理的技术手册。报告中首次提出废物最小化的原则和方法，指出废物最小化和分离应作为放射性废物管理的初始步骤，通过良好的设计和有效的管理控制放射性废物产生，体现了废物管理源头控制的理念。报告同时明确定义了放射性废物最小化的概念，包括源项减少、再循环和再利用、处理三个方面。源项减少即减少或排除废物产生；再循环和再利用是对伴随有价值物料生成的废物的管理，对有价值物料再循环和再利用以减小废物的活度或体积；处理则是对无任何可利用价值的废物进行体积或活度减小。

2）IAEA-TECDOC-1115

1999年IAEA出版了技术文件《铀纯化、富集和燃料元件制造中的废物最小化》（IAEA-TECDOC-1115），对废物最小化的战略目标、方法和内容进行了详细阐述。一般而言，最小化是指总量（通常指体积有时也指质量）最小化，核设施运营者认为还包括废物管理成本的最小化，监管机构则更关心放射性废物的活度，最终处置的废物体积以及潜在的环境影响最小化。

3）IAEA-TECDOC-1130

2000年IAEA出版了技术文件《核燃料循环设施废物流中物料和组

件的再循环和再利用》（IAEA-TECDOC-1130），强调了废物最小化的三种方法，即源项减少、再循环和再利用以及废物管理优化，但各种方法的具体内容又有进一步的发展，如在再循环和再利用中提出物料的特性检测、去污以及再循环和再利用的优化；在废物管理的优化中进一步强调废物处理的工艺、过程必须优化。

4）TECHNICAL REPORTS SERIES NO.401

在2001年IAEA出版了技术报告系列《核设施退役和去污废物最小化方法》（TECHNICAL REPORTS SERIES NO.401），提出在退役和去污活动中废物最小化的方法，包括源项减少、预防污染扩散、再循环和再利用以及废物管理优化。针对退役和去污过程中产生废物的特点，增加了预防污染扩散内容。报告同时提出废物最小化的目标是，限制废物产生和放射性污染的扩散以及贮存和处置废物的体积，由此达到限制环境影响以及降低污染物料管理相关成本的目的。

5）TECHNICAL REPORTS SERIES NO.460

IAEA在2007年出版了技术报告系列《核设施设计阶段废物最小化的考虑》（TECHNICAL REPORTS SERIES NO.460），报告在全面分析核燃料循环各个阶段运行和退役中废物产生源项后，提出废物最小化的选择，包括源项减少、预防污染扩散、再循环和再利用以及废物管理优化。同时提出更加具体的废物最小化方法，包括控制放射性废物产生、预防活化或污染、物料再循环和再利用以及减小废物体积。报告再次重申了废物最小化的目标是限制废物产生和放射性污染的扩散以及贮存和处置废物的体积，由此达到限制环境影响以及降低污染物料管理相关成本的目的。

（4）放射性废物最小化有关法律法规

1）《乏燃料管理安全和放射性废物管理安全联合公约》

1997年9月5日，《乏燃料管理安全和放射性废物管理安全联合公约》在国际原子能机构第41届常会上获得通过。2001年6月18日，公约正式生效。该公约对放射性废物产生、处理、贮存和处置设施的选址、设计、建造、运行、退役、处置、安全评价等环节的安全管理作出了明确规定，并对履约措施、立法的监管机构、许可证持有者的职责、质量保证、辐射防护、应急准备和跨境运输等提出了原则要求。

2）国内有关放射性废物最小化法律法规体系

国内放射性废物安全管理的法规框架由法律、条例、部门规章和管理导则等部分组成。《中华人民共和国放射性污染防治法》（以下简称“放污法”）属顶层法律，第二层级是放射性废物安全监管条例，第三层级包括放射性废物管理的部门规章以及实施细则、标准等。

①《放污法》

《放污法》已于2003年6月28日第十届全国人民代表大会常务委员会第三次会议通过，并于2003年10月施行。

《放污法》第六章第三十九条中规定，核设施营运单位、核技术利用单位、铀（钍）矿和伴生放射性矿开发利用单位，应当合理选择和利用原材料，采用先进的生产工艺和设备，尽量减少放射性废物的产生量。上述条款明确体现了放射性废物最小化的要求，其行为主体应为放射性废物产生单位，即核设施营运单位、核技术利用单位、铀（钍）矿和伴生放射性矿开发利用单位；放射性废物最小化的方法是从原材料、工艺和设备进行源头控制，即合理选择和利用原材料，采用先进的生产工艺和设备；放射性废物最小化的目标则是尽量减少放射性废物的产生量。

②《中华人民共和国核安全法》

《中华人民共和国核安全法》（以下简称“核安全法”）于2018年1月1日正式施行。《核安全法》是国家安全法律体系的重要组成部分，是核安全领域的根本法。《核安全法》的发布实施，对于保障核安全，预防与应对核事故，安全利用核能，保护公众和从业人员的安全与健康，保护生态环境，促进经济社会可持续发展，具有十分重要的意义。《核安全法》第四十五条规定，放射性废物处置单位应当按照国家放射性污染防治标准的要求，对其接收的放射性废物进行处置。

③《放射性废物安全管理条例》

《放射性废物安全管理条例》是为加强对放射性废物的安全管理，保护环境，保障人体健康，根据《中华人民共和国放射性污染防治法》而制定。由国务院于2011年12月20日发布，自2012年3月1日起施行。明确了放射性废物的安全管理，应当坚持减量化、无害化和妥善处置、永久安全的原则。

④《核设施放射性废物最小化》

核安全导则《核设施放射性废物最小化》（HAD401/08—2016）于2016年10月21日起实施，为核设施设计、建造、运行和退役单位开展放射性废物最小化工作提供指导，也为监管部门进行核安全审评和监督管理提供参考。

参考文献

[1] 潘自强. 辐射安全手册. 北京:科学出版社, 2011. 352-353.
[2] 潘自强等. 放射性废物最小化的法律法规体系. 2008年全国小型“循环经济”学术研讨会论文集, 2008 : 244-254.